ボイラ設備および
ボイラ給水

千葉 幸 著

「d-book」
シリーズ

http：//euclid.d-book.co.jp/

電気書院

ポイント設問なぞる
ポイント論本

千葉 幸一 著

[d・book]
シリーズ

http://euclid.d-book.co.jp/

電気書院

目　次

1　ボイラ
- 1·1　ボイラの種類 ………………………………………………………… 1
- 1·2　ボイラの概要 ………………………………………………………… 2
- 1·3　ボイラの性能 ………………………………………………………… 4

2　水管式ボイラとボイラ水の循環方式
- 2·1　水管式ボイラの特徴 ………………………………………………… 7
- 2·2　ボイラ水の循環 ……………………………………………………… 8
- 2·3　ボイラ水の循環形式によるボイラの分類 ………………………… 8

3　自然循環ボイラ
- 3·1　自然循環ボイラの水循環 …………………………………………… 10
- 3·2　ボイラ胴の構造 ……………………………………………………… 11

4　強制循環式ボイラ
- 4·1　概　説 ………………………………………………………………… 13
- 4·2　強制循環式ボイラの特徴 …………………………………………… 14
- 4·3　レフラボイラ ………………………………………………………… 15
- 4·4　ラモントボイラ ……………………………………………………… 15
- 4·5　コントロールド・サーキュレーションボイラ …………………… 16

5　貫流ボイラ
- 5·1　貫流ボイラの特徴 …………………………………………………… 18
- 5·2　強制循環式ボイラと貫流ボイラとの比較 ………………………… 19
- 5·3　ベンソンボイラ ……………………………………………………… 19
- 5·4　ズルツァボイラ ……………………………………………………… 20

6 火　炉

　6・1　ストーカ燃焼火炉 ……………………………………………… 22
　6・2　微粉炭燃焼火炉 ………………………………………………… 22

7 過熱器・再熱器

　7・1　過熱器 …………………………………………………………… 24
　7・2　過熱低減器 ……………………………………………………… 24
　7・3　過熱蒸気温度調整装置 ………………………………………… 25
　7・4　再熱器 …………………………………………………………… 27

8 節炭器・空気予熱器

　8・1　節炭器 …………………………………………………………… 29
　8・2　空気予熱器 ……………………………………………………… 30

9 ボイラ付属設備

　9・1　安全弁 …………………………………………………………… 33
　9・2　水面計 …………………………………………………………… 34
　9・3　水位警報器 ……………………………………………………… 35
　9・4　すす吹装置 ……………………………………………………… 35

10 給水装置と給水

　10・1　給水ポンプ ……………………………………………………… 38
　10・2　自動給水加減装置 ……………………………………………… 42
　10・3　ボイラ給水と処理 ……………………………………………… 44
　10・4　循環系統外処理 ………………………………………………… 48
　10・5　循環系統内処理 ………………………………………………… 50
　10・6　ボイラ水の標準値 ……………………………………………… 53

10·7　復水脱塩装置 …………………………………………………………… 54

11　ボイラ自動制御・計測と保安装置

　　　11·1　自動制御の必要性 …………………………………………………… 57
　　　11·2　自動制御の概念 ……………………………………………………… 57
　　　11·3　ABCの種類 …………………………………………………………… 60
　　　11·4　ドラム形ボイラのABC ……………………………………………… 63
　　　11·5　貫流ボイラのABC …………………………………………………… 67
　　　11·6　貫流ボイラの協調制御方式 ………………………………………… 71

12　ボイラ保安装置

　　　12·1　ボイラ保護システム ………………………………………………… 73
　　　12·2　FCB …………………………………………………………………… 73
　　　12·3　ボイラ計測 …………………………………………………………… 76

演習問題　　　　　　　　　　　　　　　　　　　　　　　　　　　　　94

1 ボイラ

1・1 ボイラの種類

　火力発電所の蒸気を発生する設備を総称して蒸気発生設備といい，これはさらに蒸気発生装置，通風装置，燃焼装置，給水装置，集塵装置などに区分せられ，蒸気発生装置の本体がボイラである．

　ボイラの形式・種類は多種多様でいろいろな分類方法があるが，大別するとつぎのようになる．

(1) 構造上からの分類
　　(a) 丸ボイラ
　　(b) 水管ボイラ　　(i) ストーカ
　　　　　　　　　　　(ii) 微粉炭
(2) 熱吸収の方法による分類
　　(a) 放射形ボイラ
　　(b) 対流形ボイラ
(3) 水の循環方法による分類
　　(a) 自然循環ボイラ
　　(b) 強制循環式ボイラ
　　(c) 貫流ボイラ
(4) 蒸気圧力による分類
　　(a) 亜臨界圧ボイラ
　　(b) 超臨界圧ボイラ
(5) 使用燃料による分類
　　(a) 石炭ボイラ
　　(b) 重・原油ボイラ
　　(c) ガスボイラ
　　(d) その他　　(i) 廃液
　　　　　　　　　(ii) バーク

　上記のうち，(1)-(a)と(1)-(b)-(i)は旧式で，しかも低圧，小容量のため，現在では発電用としてはほとんど採用されていない．

　現在大容量ボイラとして採用されている方式の組合せは

　(1)-(b)-(ii)，(2)-(a)，(3)-(c)，(4)-(b)，(5)-(a)

　中・小容量では

(1)-(b)-(ii), (2)-(a), (3)-(b) または (c), (4)-(a) または (b), (5)-(a) または (b)

である．

(1)の水管ボイラ (water tube boiler) は，現在小容量から高温・高圧・大容量のものにいたるまで発電用として広範囲にわたって実用されている．

1・2 ボイラの概要

ボイラ　　ボイラ (boiler) は既述のように蒸気発生装置の本体で，ボイラ胴・火炉・水管・過熱器・再熱器などを含めるのが普通である．図1・1はストーカ式ボイラの断面図を，また図1・2は微粉炭燃焼方式の放射形ボイラの断面図を示す．両図からわかるようにボイラの上部にボイラ胴 (boiler drum) があり，これに伝熱面を形成する水

水管　　管が連絡されている．単に水管といえば燃焼ガスにさらされて加熱される水管を指すことが多く，旧式のボイラではほとんどこのような接触伝熱面ばかりであった．図1・2のような比較的大きいボイラでは，火炎に直面する火炉 (furnace) の側壁の一部あるいは全面に水管を配置し，放射熱を吸収する．

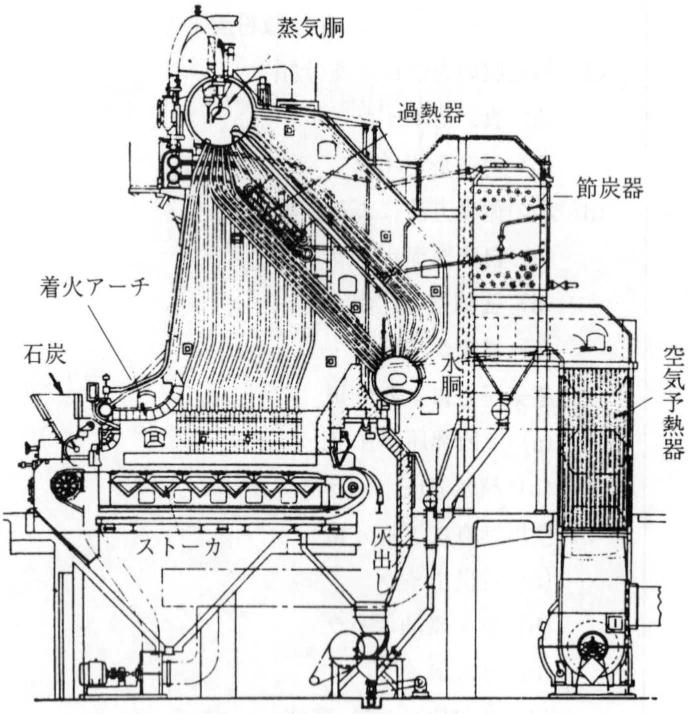

図1・1　ストーカボイラ（二胴形）
蒸気圧力　　30 kg/cm^2
蒸気温度　　305℃
蒸発量　　　17 t/h

ボイラの火炉の形態は燃焼装置の形式によって非常に相違する．その状態は図1・1と図1・2からもわかるとおりであり，火力発電所においては，ストーカ燃焼装置によるボイラは比較的小容量の装置のものに限られており，大容量のボイラでは微粉炭燃焼装置が標準となっている．

1・2 ボイラの概要

　ボイラにおける水は給水ポンプによってまず節炭器に入って加熱されてからボイラ胴内に送られる．ボイラ水はボイラ胴から下降水管によって伝熱面を形成する水管に導かれて加熱され，蒸気と水との混合状態で上昇管をへてボイラ胴にもどり，汽水分離装置によって水分を除去された蒸気のみが取出される．

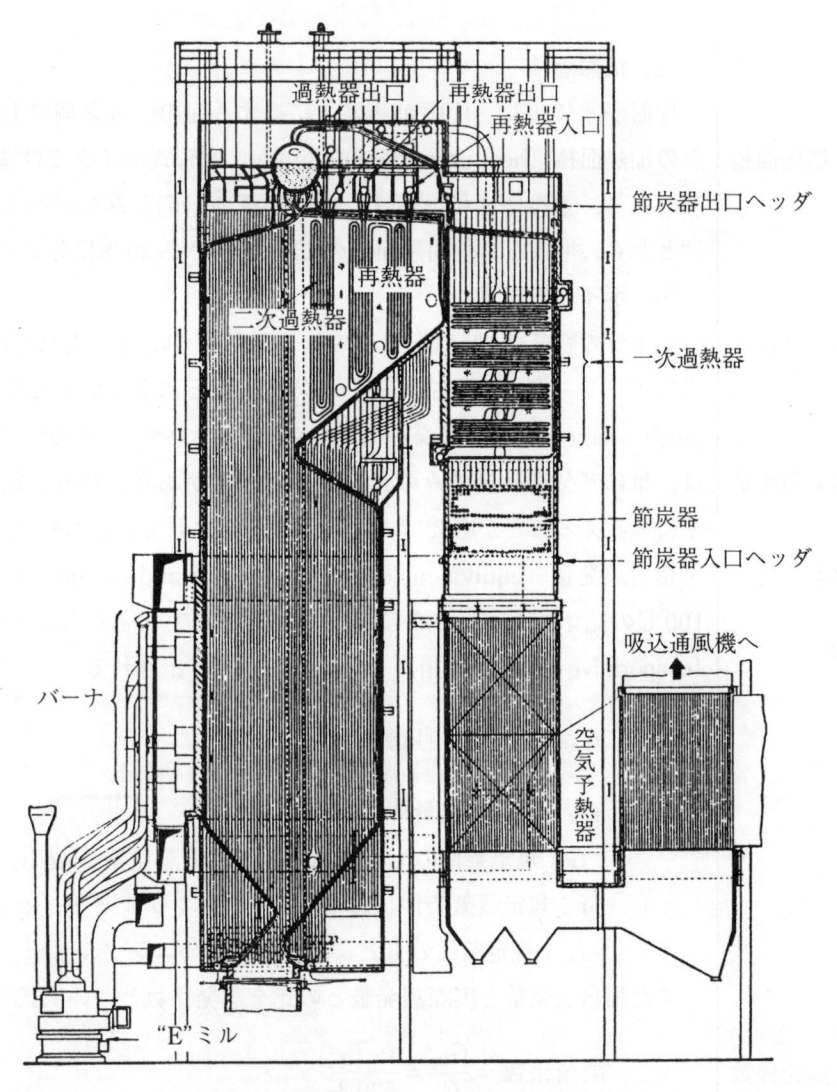

図1・2　微粉炭ボイラ（自然循環形）
蒸気圧力　　102 kg/cm^2
蒸気温度　　515 ℃
蒸発量　　　260 t/h

　ボイラ水はこのような同じ経路を自然に循環して加熱される．蒸気は過熱器で過熱され，蒸気温度を上げてタービンに送られる．空気予熱器は燃焼効率を向上するために燃焼用空気を燃焼ガスによって加熱して温度を上げる装置である．また75 000 kW以上の発電ユニットに設けられるボイラでは図1・2にも示したように再熱器が設けられる．これはタービンの中段から蒸気を取出し，ふたたびボイラに返して再熱して蒸気温度を上げ，再度タービンにもどすためのものである．

1・3 ボイラの性能

(a) 加熱面積

加熱面積　片面が水に接し，片面が熱ガスに接する面の，ガス側において測った面積をボイラの加熱面積（heating surface）という．水管式ボイラでは蒸気発生管の外面積の総和である．水冷壁面積はボイラ加熱面積の一部とみなすべきもので微粉炭燃焼の発達とともに増大し，全加熱面積の10〜20％から30％におよぶものもある．

(b) ボイラの容量

ボイラ容量　ボイラの容量は1時間あたりの蒸気発生量〔kg/hまたはt/h〕で表わすが，これは当然ボイラの構造，燃焼方式，加熱面積などによって異なる．また発生蒸気の条件（圧力・温度）および異なる条件のボイラについて，そのボイラ容量を比べるために

蒸気発生量　は，単に蒸気発生量のみの比較では不合理があり，蒸気と給水との条件を一定の基準にそろえることが必要である．この基準として温度100℃，圧力1気圧とするもの

相当蒸発量　を相当蒸発量（equivalent evaporation from and at 100℃）という．すなわち温度100℃の給水で1気圧100℃の飽和蒸気を発生させるものと仮定した場合の蒸発量（evaporative power）に相当し，つぎの式で算出される．

$$G_0 = \frac{i-i_0}{539.3}G \quad \text{〔kg/h〕} \tag{1・1}$$

ただし G_0 ；相当蒸発量
　　　　G ；規定条件のもとにおける実際の蒸発量〔kg/h〕
　　　　i ；規定蒸気条件における蒸気のエンタルピー〔kcal/kg〕
　　　　i_0 ；規定条件のもとにおける給水のエンタルピー〔kcal/kg〕

また相当蒸発量と実際蒸発量との比を蒸発係数といい次式で示される．

蒸発係数
$$蒸発係数 = \frac{G_0}{G} = \frac{i-i_0}{539.3} \tag{1・2}$$

一般に火力発電用ボイラとしてはボイラ容量を表わすのには〔t/h〕を使用するが，ボイラ1基の蒸発量はわが国では最大級の100万kW用のボイラのものでは3 000 t/h程度である．

(c) ボイラ効率

ボイラ効率　ボイラに与えた燃料の熱量のうち，その何％がボイラから取出される蒸気に与えられたかを示す数字をボイラ効率（boiler efficiency）といい，燃料の利用度を示す重要なものであり，その数値は燃焼装置の性能とボイラの吸収熱量の程度によって定まる．

非再熱式ボイラ　(1) 非再熱式ボイラの効率

$$\eta_B = \frac{(i_s - i_w) \cdot Z}{H \cdot B} \times 100 \quad \text{〔％〕} \tag{1・3}$$

ただし，H ；燃料の発熱量〔kcal/kg〕

B；ボイラの燃料使用量〔kg/h〕

Z；ボイラの蒸気発生量（過熱器出口蒸気流量）〔kg/h〕

η_B；ボイラ効率〔％〕

i_s；過熱器出口における蒸気のエンタルピー〔kcal/kg〕

i_w；節炭器入口における給水のエンタルピー〔kcal/kg〕

また H_B を火炉内で発生した熱量〔kcal/kg〕とすると式(1・3)はつぎのようになる．

$$\eta_B = \frac{(i_s - i_w) \cdot Z}{H \cdot B} \times \frac{H_B}{H_B} = \frac{H_B}{H \cdot B} \times \frac{(i_s - i_w) \cdot Z}{H_B} \times 100 \;〔\%〕 \tag{1・4}$$

式(1・4)右辺の第一項は燃料の発熱量が実際に熱として表われた割合，すなわち燃焼効率であり，第二項は炉内に発生した熱のうち蒸気に与えられた熱の割合を示す加熱面効率である．したがって式(1・4)はつぎのように示される．

$$\eta_B = 燃焼効率 \times 加熱面効率 \tag{1・5}$$

再熱式ボイラ

(2) 再熱式ボイラの効率

$$\eta_B = \frac{i_s \cdot Z + i_{R0} \cdot R_0 - i_w \cdot W_F - i_{Ri} \cdot R_i}{H \cdot B} \times 100 \;〔\%〕 \tag{1・6}$$

ただし，i_{R0}；再熱器出口の蒸気のもつエンタルピー〔kcal/kg〕

R_0；再熱器出口の蒸気量〔kg/h〕

i_{Ri}；再熱器入口の蒸気のもつエンタルピー〔kcal/kg〕

R_i；再熱器入口の蒸気量〔kg/h〕

i_w；給水のもつエンタルピー〔kcal/kg〕

W_F；給水量〔kg/h〕

η_B の概略値はストーカボイラで75〜85％，微粉炭ボイラで80〜90％，事業用大容量ボイラでは85〜91％程度である．**表1・1**に最近のボイラの性能と損失の概略例を示す．

表1・1(a) ボイラの性能値

	ユニット出力	〔MW〕	250	450	600
ボイラ容量	蒸発量	〔t/h〕	840	1470	1950
	過熱器出口圧力	〔kg/cm²〕	175	255	255
	過熱器出口温度	〔℃〕	571	543	543
	再熱器出口温度	〔℃〕	543	571	571
ボイラ効率		〔％〕	87.50	87.53	87.53

ボイラ損失

未燃分損失

(d) ボイラの損失

(1) 未燃分損失　燃料の燃えかすの中にごく少量残る未燃分（おもに炭素分）による損失熱量である．石炭だきの方が重油だき，天然ガスだきより多いが，いずれも1％未満で，大容量ボイラではほぼ零である．

不完全燃焼損失

(2) 不完全燃焼による損失　燃料の不完全燃焼による熱量損失であり，煙道ガス中に残る水素ガス（H_2），一酸化炭素ガス（CO），炭化水素ガス（CH）がある．

1 ボイラ

表1・1(b) ボイラ効率および熱損失の一例

		重(原)油専焼ボイラ	天然ガス専焼ボイラ
排ガス温度（空気予熱器出口）	[℃]	140	99
空気過剰率（空気予熱器出口）		1.14	1.16
ボイラ熱損失			
乾排ガス損失	[%]	4.33	2.70
燃料中の水素水分による損失	〃	6.53	10.19
空気中の湿分による損失	〃	0.07	0.05
放散熱損失	〃	0.17	0.17
未燃損失	〃	0.00	0.00
その他の損失	〃	1.00	1.00
合　　　計	〃	12.10	14.11
ボイラ効率（高位発熱量基準）	〃	87.90	85.89

これらのうち，もっとも生じやすくて，損失が大きいのは一酸化炭素ガスである．

排ガス損失　(3) 排ガス損失　煙道ガスの保有する熱量であり，乾き排ガス損失とも呼ばれる．排ガスの量，比熱および外気との温度差に依存し，ボイラ損失中でもっとも大きい．排ガス中にすすが含まれる場合は，その保有熱量もこの損失に加える．

(4) 排気中の水蒸気の蒸発熱による損失　排気中の水分を水蒸気として放出することによる損失である．燃焼用空気中の固有水分，燃料中の水分，燃料の燃焼により生成された水分の蒸発熱がある．石炭だきの場合は，ボイラ熱損失中で最も大きくなることもある．

(5) 放射伝熱損失　ボイラ壁などボイラ本体から外部（大気中）へ放射される熱損失である．保温効果のよいボイラでは非常に少なく，0.2～0.3％程度である．

(6) その他の損失　ボイラのブロー，安全弁の吹出し，その他測定の誤差および測定不能の損失

2 水管式ボイラとボイラ水の循環方式

2・1 水管式ボイラの特徴

現在の火力発電用ボイラは例外なく水管式ボイラ (water tube boiler) である.

水管式ボイラ

(a) 水管式ボイラの利点

(1) すえ付面積あたりの蒸発量が大である. すなわち伝熱面は比較的小径の水管を密に配置して構成されるために, 同一空間に対して大きな伝熱面積を与えることができる.

(2) ボイラ水の循環系統が比較的明らかになるので伝熱面の焼損の危険が少なく, したがって蒸発率を大きくとることができる.

(3) 始動が容易である. これは伝熱面が可とう性の大きい水管で構成されていて, 無理の少ないことと単位伝熱面積あたりの保有水量の少ないためである.

(4) 伝熱面すなわち比較的高熱にさらされる部分が比較的小径の水管で構成されているから強度的に危険が少ない.

(5) 水管の修理が簡単である.

(6) 過熱器の設備が容易である.

(7) 効率がよく大容量になっても比較的軽量である.

(b) 水管式ボイラの欠点

(1) 良好な給水を必要とする.

(2) 保有水量が少ないため燃焼制御, 給水制御に注意を要する.

(3) 汽水共発 (priming) のおそれがある.

(4) 水管部の点検掃除が困難である.

水管式ボイラは以上のような欠点があるが, これらの欠点は現在の進歩した各種の制御装置, 給水処理装置, 水管内外掃除法などの採用によってほとんど解決され, 今日発電用として広く採用されている.

(c) 放射形ボイラ

ボイラ水管の受熱は火炎から受ける放射熱と, 熱ガスの接触によるものとがある. とくに最近の高圧・高温ボイラは放射熱の受熱面積割合を多くする傾向にある. し

放射形ボイラ

かし一般的には放射形ボイラ (radiant type boiler) という名称は, 微粉炭燃焼の場合に水管または過熱器管におけるスラグの付着防止の目的で, 特別に炉の放射熱面積を大きくして炉出口におけるガス温度を灰の溶融点以下に設計したボイラに使われるのが普通である. 図1・2はこの一例である.

放射形ボイラの特質は放射によって燃焼熱が吸収されるので, 炉出口すなわち水

管部入口における燃焼ガスの温度が低下し，灰の溶融点以下となって微粉炭燃焼の場合でも水管および過熱器管にスラグが付着することを防止できて，ボイラを休止して掃除することの不利が避けられる点にある．

この形のボイラでは炉の周囲は天井まで水冷壁とし，水冷壁も従来のベーレーブロック（Bailey block）などはやめて，裸管を密接して取付けるいわゆるタンゼンシャル管形（tangential tube type）とし，炉材の露出を極力少なくしている．

このボイラは故障も少なく長期連続運転が可能である．しかしこのように放射面積の割合が多くなるにつれて蒸気温度などの変化も鋭敏になるために，従来のような手動調整では到底これに追随ができないため，自動燃焼装置が不可欠な存在となる．

2・2　ボイラ水の循環

ボイラ構成水管　ボイラ構成水管はその配置により上昇管と下降管とに分けられ，ボイラ水は上下の静圧力の差によって流動を行う．上昇管ではボイラ水は高温ガスより熱を受け，その一部は蒸気となるから上昇管上部では汽水混合体となり，下部では水のままで上昇している．したがって上部の汽水混合体と下部の飽和水の比体積は相違する．

汽水混合　一般にボイラにおける汽水混合と循環についてはつぎのようにいわれている．すなわち伝熱面負荷率の増大とともに汽水混合体中の蒸気量は増加するものであり，さらにこの汽水混合体の上昇速度は伝熱面負荷率の増大に伴って増加する．またこの上昇管下部のボイラ水の上昇速度はある最大値を過ぎると伝熱面負荷が増してもかえって減少する．これはとりもなおさず高負荷時において循環水量が必ずしも増加するものでないことを意味する．これは伝熱面負荷が一定値を超すと管中における摩擦および加速に要する水頭の増加が管の上下の静圧力の増加よりすみやかであることに起因するものである．すなわちつぎのことがいえる．

高圧ボイラ　高圧ボイラでは汽水混合体中の蒸気の割合が小となり，図2・1からわかるように蒸気圧力が高くなると飽和温度も高くなり，しだいに水と蒸気の密度が接近して150 kg/cm^{2}を超えると密度差の減少が目立つようになり，臨界圧力225.6 kg/cm^{2}では水と蒸気の密度は一致する．したがって高圧ボイラでは水の循環が悪くなる．このため高圧ボイラでも良好な循環をさせるためにはボイラの高さを増すか，あるいはボイラ水の循環を強制的に行う必要が生ずる．

自然循環ボイラ　図3・1は自然循環ボイラのボイラ水循環系統の一例を示す．

2・3　ボイラ水の循環形式によるボイラの分類

蒸気圧力の低いボイラでは，既述のように上部の汽水混合体と下部の飽和水の比

2·3 ボイラ水の循環形式によるボイラの分類

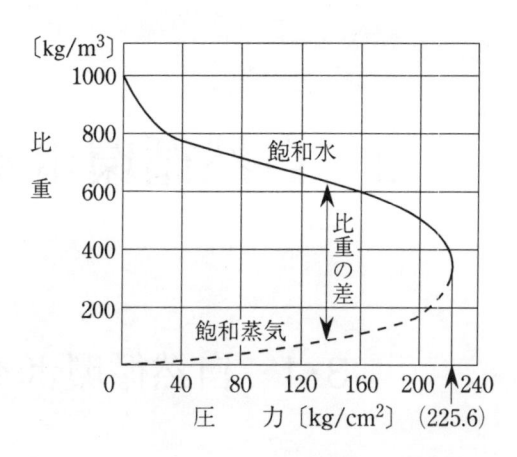

図2·1 飽和水および飽和蒸気の比重曲線

体積には大きい差がある．したがって水と蒸気の密度には差があって，蒸気は上部に集まり水は下部に下がる．蒸気の循環経路である上昇管と下降管を適当な配置とすれば，効率よくボイラ水が自然に循環するようになる．これが図1·2および図2·2(a)に示す自然循環ボイラである．

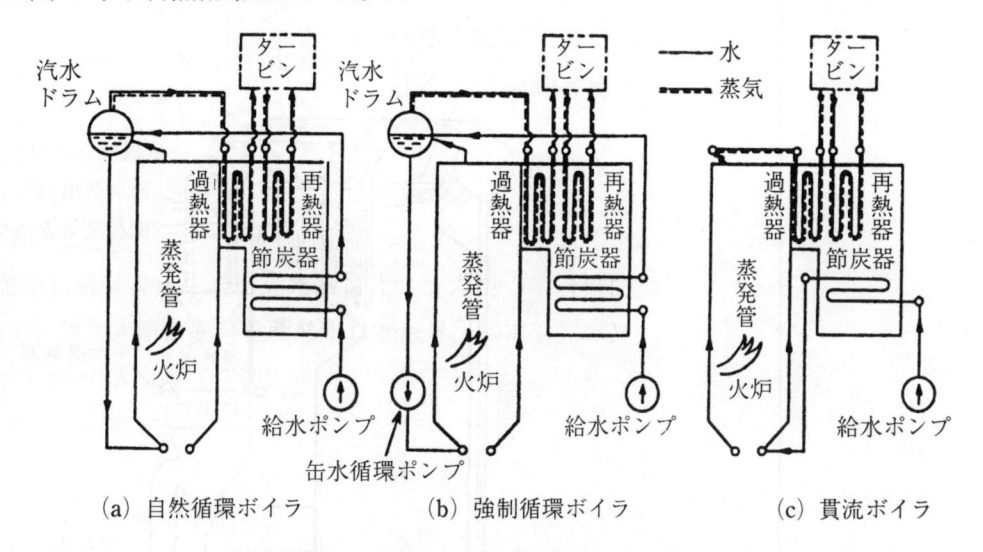

(a) 自然循環ボイラ　　(b) 強制循環ボイラ　　(c) 貫流ボイラ

図2·2 ボイラ循環方式

蒸気圧力が高くなると蒸気と水の密度が接近してくるため，水の循環が悪くなる．これを改善するために，缶水循環ポンプを下降管の途中に置いて，強制的にボイラ水を循環させる方式が考えられる．これが図2·2(b)に示す強制循環式ボイラである．蒸気圧力が169 kg/cm²以上のボイラに採用されている．

さらに蒸気圧が高くなって，臨界圧力（225.6 kg/cm²）を超えると蒸気と水の区別がなくなるため，ボイラ胴（ボイラドラム）を設けたボイラでは用を足さなくなる．ボイラに送込まれた水は管の中を一方的に流れ，その途中で蒸気に変わってボイラから出て行くことになる．図2·2(c)はこれを示す．

貫流ボイラは亜臨界圧のボイラにも採用されるけれども，超臨界圧では，この方式のものでなければならないことになる．

缶水循環ポンプ
強制循環ボイラ
貫流ボイラ

3 自然循環ボイラ

3・1 自然循環ボイラの水循環

このボイラでは給水ポンプからの給水は，図3・1に示すように節炭器で予熱され，ボイラ水と混合してほぼ飽和水の状態で下降管を通って火炉蒸発管に入る．蒸発管中で加熱されて汽水混合物となった流体は再びボイラ胴（汽水ドラム）にもどり，水と蒸気に分離されて蒸気はさらに過熱器で加熱された後，タービンに送られる．

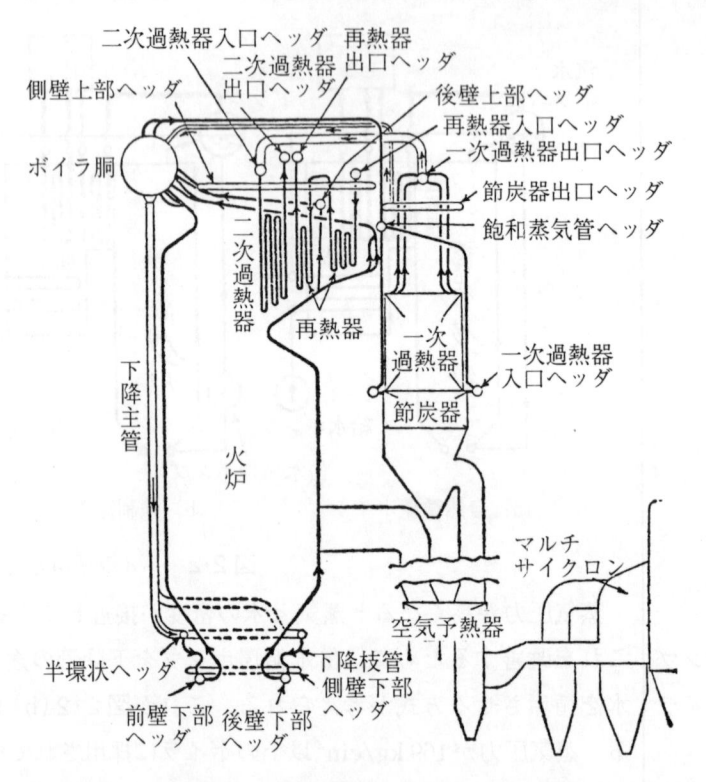

図3・1 自然循環ボイラのボイラ水循環系統

自然循環ボイラ

このように缶水の循環は蒸発管と下降管中の水の比重差によって行われる最も簡単な方式であるため，古くから採用されてきた．通常 169 kg/cm² の蒸気圧力以下のボイラに使用されている．

図3・2はこの方式のボイラの例を示す．

図3・2　自然循環ボイラの一例

3・2　ボイラ胴の構造

ボイラ胴　　ボイラ胴（boiler drum）は鋼製で，所要の直径の円筒形胴と胴の両端を完全に密閉している鏡板とからなり，内部圧力に対して十分強度を有するように作られる．

ボイラ胴は溶接技術の発達により，高圧のものでもほとんど全部溶接構造を採用する．図3・3は所定位置に取付前のボイラ胴の外観を示す．

図3・3　ボイラ胴

(a) ボイラ胴の使命
発電用水管式ボイラのボイラ胴は一般につぎのような使命をもっている．
(1) 各水管群を連絡するとともに，ボイラ水循環の中継所となる．
(2) ボイラ給水を受入れ，ボイラ水の貯蔵所の役目をし，多少のボイラ水増減に対処できる．
(3) 胴内の汽水分離装置により蒸気中の水分を分離し，水分をタービンに送らない．
(4) 安全弁，清缶剤注入，連続ブロー，水面計，給水管，蒸気連絡管および計器

3 自然循環ボイラ

用などの連絡座をもってそれぞれ機能を発揮させる．

(b) 汽水分離装置

蒸気とともに多量の水滴が過熱器へ送られるときは過熱度を低下するだけでなく，水滴中に含まれた固形分が過熱器に付着たい積して過熱器焼損の原因となる．またタービンの翼にスケール（scale）を付着させる原因ともなる．このためボイラではできるだけ水滴の少ない固形分含有量の少ない蒸気を過熱器に送るため，ボイラ胴内に汽水分離装置（steam separator）を設ける．良好な分離器を装置したボイラでは固形物を1ppm（〔ppm〕はparts per millionの略で，1ppmは100万分の1）程度とするものも考案され，それぞれつぎのようなものを単独あるいは適当に組合わせて用いる．

(1) 逆流式　蒸気の流れる方向を邪魔板などによって急激に変化転換させ，比重の大きい水分を蒸気から離脱させる．

(2) 遠心式　蒸気に旋回運動をさせて遠心力によって水分を分離する．

(3) 網目式　蒸気を網目に通して水分をこす．

(4) 阻板式　蒸気を波形板面に吹付けて粘着力の強い水分を板面に付着させて分離する．

(5) 洗浄式　蒸気を給水で洗浄して不純分を洗い取る．

図3・4はCE社（Combution Engineering Inc.）の遠心式汽水分離装置を示す．

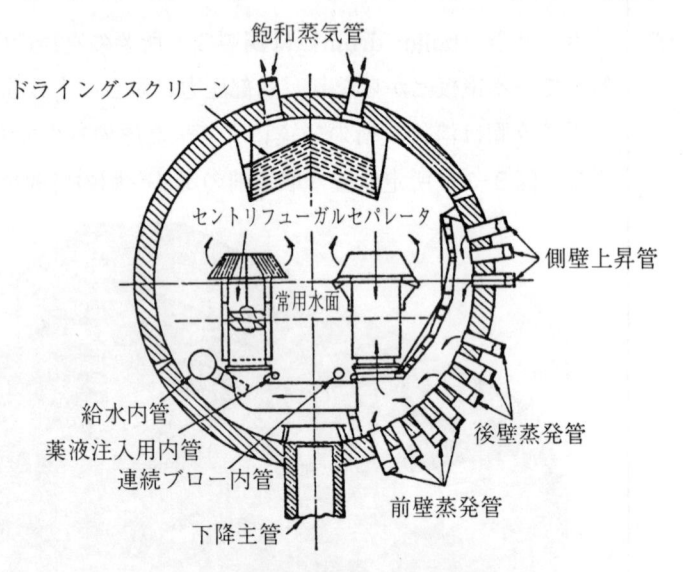

図3・4　ボイラ胴内汽水分離装置

なおボイラ胴は，4章で説明する強制循環式ボイラにも設けられる．

4 強制循環式ボイラ

4・1 概　説

　既述のように自然循環式ボイラは汽水ボイラ胴を有し，降水管および上昇管を通じて蒸気と水との比重差によってボイラ水を循環させるものである．したがって蒸気の圧力が高くなるほどこの比重差は小となり循環が困難となるばかりでなく，汽水胴内における汽水分離が困難となるため圧力の上昇に応じて厳重な配慮が必要である．

　自然循環方式がどの程度の圧力まで採用できるかは定説はないが，169 kg/cm^2 か 180 kg/cm^2 級の辺が限界でないかと思われる．

強制循環式
　　ボイラ　強制循環式ボイラ（forced circulation boiler）は自然循環式ボイラが高圧に適さないために考えられた方式のものであるが，この方式のボイラも汽水胴によって蒸気と水とを分離することは自然循環式と変わりはないが，降水管の途中にボイラ水循環ポンプ（キャンドポンプ）を設けて強制的にボイラ水を循環させる．したがってこれはつぎに述べる貫流式ボイラとの中間的な存在であるということができる．したがって有効水頭を必ずしも高くとる必要がないので汽水胴の位置に対する条件が楽になる．また汽水胴も自然循環式に比べて小さくすることができ，水管も小径のものにすることができるなどの特長をもっている．なお各水管の熱負荷に適合する循環量を維持するために各水管入口にオリフィスを設ける．

ボイラ水循環ポンプ　この方式の生命であるボイラ水循環ポンプは循環系統の安全を確保するために，高い信頼性が要求され，万全の保安警報装置を備え，小さな故障でも探知できるようになっており，また漏えい防止のためいろいろの工夫がなされている．図4・1(a)はこのボイラの循環系統図を，(b)は循環ポンプを示す．

　この種のボイラとしてはレフラボイラ（Loeffler boiler），ラモントボイラ（La Mont boiler），およびコントロールド・サーキュレーションボイラ（controlled circulation boiler）などがある．

4 強制循環式ボイラ

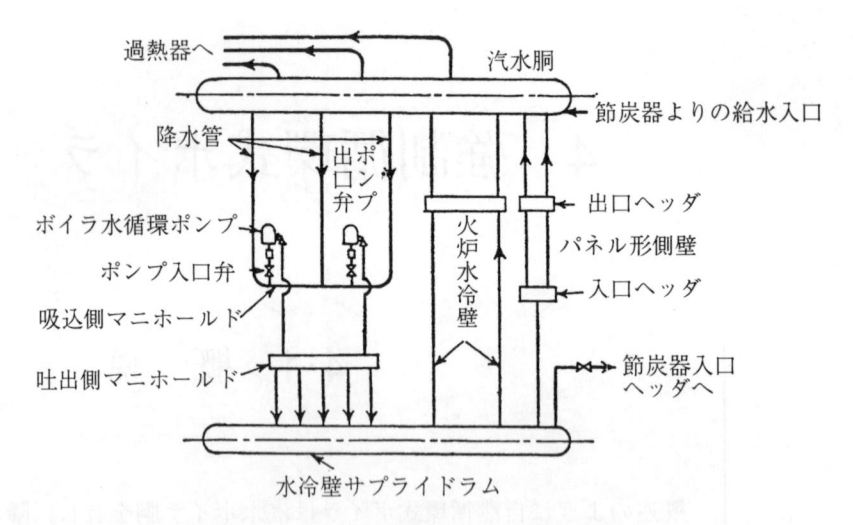

図4・1(a) 強制循環式ボイラ循環系統図

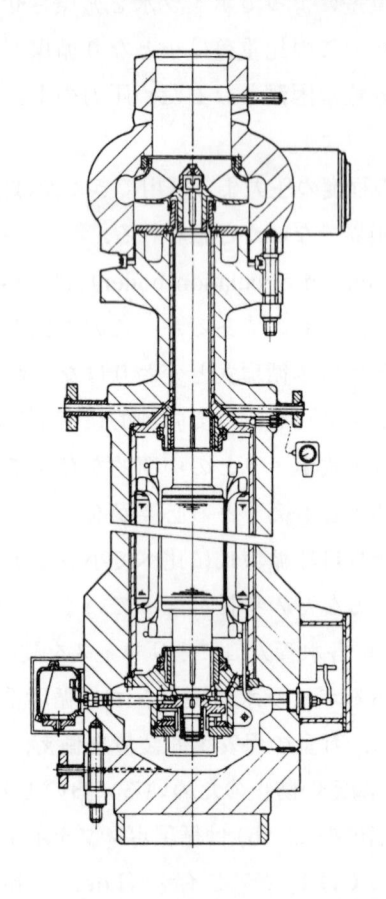

図4・1(b) 循環ポンプ

4・2 強制循環式ボイラの特徴

強制循環式ボイラ

前述した強制循環式ボイラの得失を列挙すると

(a) 長 所
(1) 高圧ボイラに対しても効率よく蒸気発生が可能である．
(2) 汽水の循環経路の抵抗を減少する必要がないので構造が自由に選べる．
(3) 循環速度をはやく設計できるので熱伝導率を高く，小形につくることができ

(4) 循環速度を速くすれば一定蒸発量に対してボイラ水を少なくすることができるため始動が早い．
　(b) 短　所
(1) 作用が速くボイラ水が少ないため運転取扱いに細心の注意が必要である．
(2) 循環用ポンプが動力を消費する．
(3) ボイラ水の純度をつねに高く保持する必要がある．

4·3　レフラボイラ

レフラボイラ（Loeffler boiler）では，蒸気胴はボイラ加熱部と離れて置かれ，水中に高圧過熱蒸気を吹込み蒸気を発生させる．

給水ポンプによって給水は予熱器を通り高水温となって蒸発ドラムに送られる．蒸気圧力が $20\,kg/cm^2$ のときは循環ポンプの必要動力はボイラの出力とほとんど同一であるが，$100\,kg/cm^2$ 以上になるとわずか2～3％になる利点がある．

4·4　ラモントボイラ

このボイラは図4·2に示すように横形水管と1個のボイラ胴からなる構造で，管内流速は約 $15\,m/s$，熱水循環ポンプの水頭 2.5～$3.0\,kg/cm^2$ 程度で，1段渦巻ポンプで十分である．

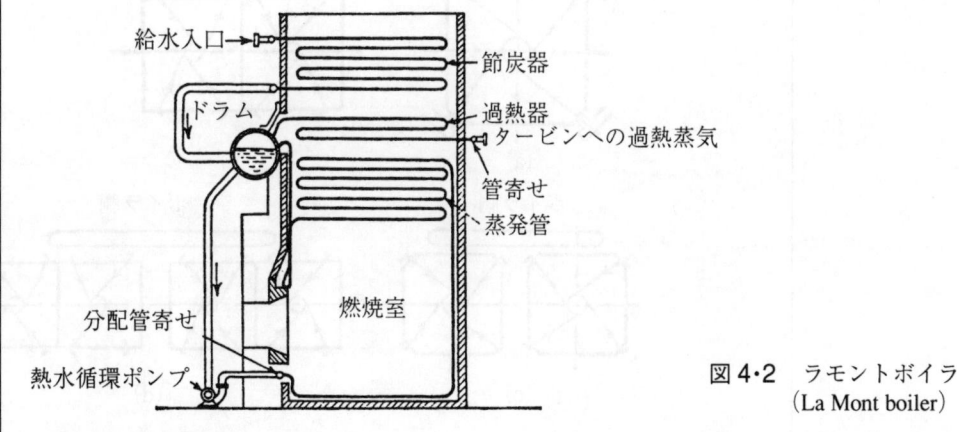

図4·2　ラモントボイラ（La Mont boiler）

またこの消費電力は0.5～1.0％で，運転の安定を保つためポンプは数台に分割して設備される．

4·5 コントロールド・サーキュレーションボイラ

このボイラは米国CE社において開発されたもので，わが国でも高圧，高温，大容量のボイラにひろく採用されている．

このボイラの特徴は強制循環式ボイラの特徴で述べたのと大体同じであるが，ボイラの大きさについての自然循環式との比較の一例を表4·1に示す．

表4·1 強制循環式ボイラと自然循環式ボイラの比較 （ ）内は〔%〕を示す

	強制循環式ボイラ	自然循環式ボイラ
ボイラ鉄構高さ 〔m〕	35	40
ボイラ胴高さ 〔m〕	28.2	34.5
床 面 積 〔m²〕(%)	264 (67.5)	390 (100)
ボイラ容量 〔m³〕(%)	9 220 (59.1)	15 600 (100)
ボイラ重量 〔t〕(%)	2 160 (82.4)	2 620 (100)

燃焼室　またこのボイラはその燃焼室の形によってつぎの形式に分けられている．

(1) 単一燃焼室形 （single furnace type）　　図4·3(a) 参照
(2) 分割燃焼室形 （divided furnace type）　　図4·3(b) 参照
(3) 双子燃焼室形 （twin furnace type）　　図4·3(c) 参照
(4) 双子式分割燃焼室形 （twin-divided furnace type）　　図4·3(d) 参照

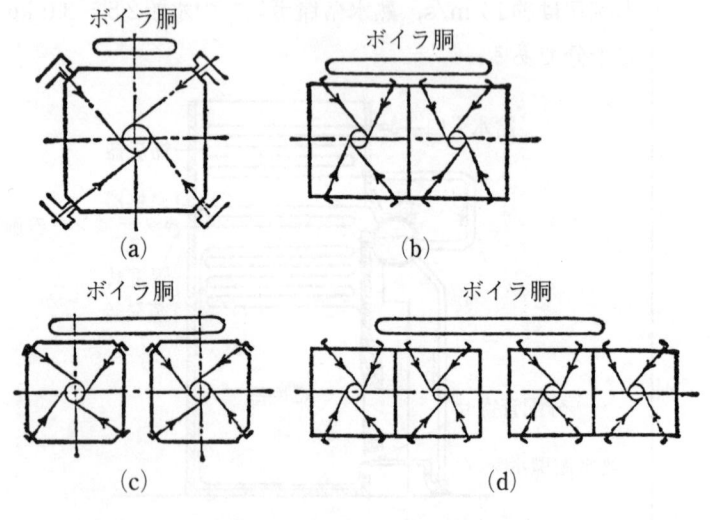

図4·3 燃焼室形式比較図

図4·4は強制循環式ボイラの例を示す．自然循環形と最も異なる点である缶水循環ポンプが設備されている．

4・5 コントロールド・サーキュレーションボイラ

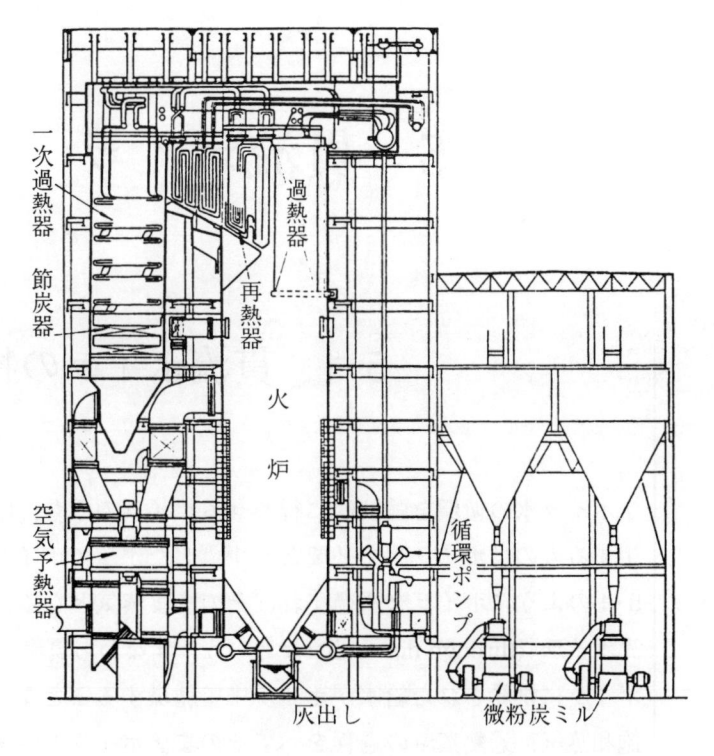

図4・4 強制循環式ボイラ

(labels: 一次過熱器、節炭器、空気予熱器、過熱器、再熱器、火炉、循環ポンプ、灰出し、微粉炭ミル)

5 貫流ボイラ

5・1 貫流ボイラの特徴

貫流ボイラ　　ボイラ水の循環を強制的に行わせるボイラのうち，臨界圧力以上の高圧蒸気を発生するものはボイラ胴を必要とせず，したがってボイラ水を循環する必要もなく図5・1のようにボイラを通過すればそのまま蒸気となる．このような形のボイラを貫流ボイラ（through flow boiler）という．すなわち貫流ボイラというのは約言すれば，ボイラに供給された給水がボイラ中で循環することなく，加熱によって飽和水から飽和蒸気，過熱蒸気の過程をへてそのままボイラ外へ送気されるボイラである．このボイラに属する代表的なものにはズルツァボイラ（Sulzer boiler），ベンソンボイラ（Benson boiler）があるが，このほかにベンソンボイラに改良を加えたUPボイラ（Universal Pressure Boiler）と称するボイラもある．

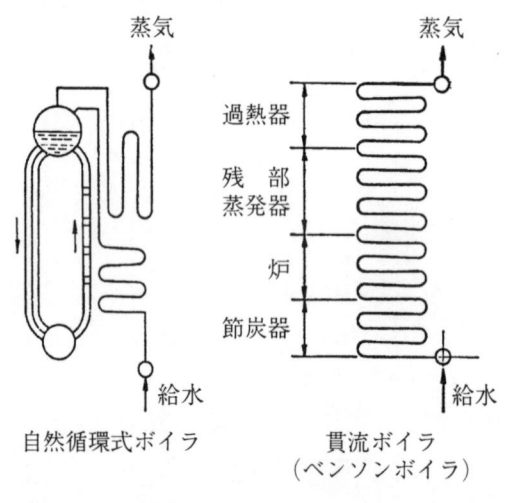

図5・1　自然循環式ボイラと貫流ボイラの比較

つぎに貫流ボイラの特徴をあげると

（1）**圧力部重量の節減**　　貫流ボイラはボイラ胴および大形管寄せがないのみならず，小口径の伝熱管を使用できるため圧力部の重量は非常に軽くなる．

（2）**始動および停止時間の短縮**　　ボイラ保有水量が少ないため，ボイラの熱容量が少なく，かつ構造的にも始動および停止時間を制約する要素がないため，循環式ボイラに比べて1/5～1/8程度の時間で確実な始動および停止が可能である．

（3）**運転操作性能の向上**　　熱容量が小さいために，追従性が速くタービン負荷変動に対しても早急かつ正確にボイラの負荷を対応させることができる．

（4）**伝熱管の事故防止**　　貫流式ボイラにおいては給水ポンプによって強制的に

給水を伝熱管へ供給しかつ各管への分配量はその伝熱負荷に応じて適当に制御されるので，従来問題になりがちだったボイラ水の循環不良による伝熱面焼損の事故を完全に防止できる．

(5) 適用性の拡大　　貫流式ボイラでは蒸気条件の達成のみを目標として設計することが可能で，非常に広い適用性を有している．

(6) 経済的かつ低廉である　　ボイラ胴がなく蒸発管が少ないため，重量が軽減され価格も安くなる．

5·2　強制循環式ボイラと貫流ボイラとの比較

超臨界圧力の場合は別として，強制循環式および貫流ボイラいずれも製作できる圧力範囲について両者を比較すると

貫流ボイラ　(1) 貫流ボイラにはボイラ胴がないため，ボイラの重量軽減および高圧に伴うドラムの厚板加工の問題がなくなり，大きな利点がある．

(2) どちらも工場製作の部分が多く，工作および現場すえ付など容易であるが，貫流式の方がさらに容易で，また建屋容積も小さい．

(3) ボイラの急速始動に関しては貫流ボイラは非常に短時間で始動できる．

高圧ボイラ　(4) 高圧ボイラでは給水処理が大切であるが，強制循環式ボイラは一応保有ボイラ水を有するので，貫流式に比べればトラブルに対して比較的安全性があり楽である．

すなわち貫流ボイラは，ブローによってボイラ水の純度を調整することができないため，ボイラに使用する水の純度は強制循環式ボイラに比べて高度のものでなければならない．このため貫流ボイラでは復水脱塩装置を設ける．

(5) 貫流ボイラはボイラ水保有量がなく，鋼材重量も軽いため，負荷変動に対して蓄熱容量が小さい欠点があり，負荷変動の多いプラントには若干の問題点もある．

(6) 貫流ボイラでは非常に長い連続した蒸発管を使用する場合が多く，このためボイラ内の流れの安定性，とくにボイラ負荷が低下した場合の安定性を確保することが必要であるが，あまり低負荷で運転されるボイラには適さない．

また貫流ボイラでは始動のために蒸気系統にバイパス回路を設け，タービンに蒸気を送らなくてもボイラの運転ができるように工夫している．

5·3　ベンソンボイラ

ベンソンボイラ　　ベンソンボイラ（Benson boiler）は給水を一度貫流させるだけで，予熱・蒸発・過熱させる水管式ボイラである．臨界圧以上では，給水は予熱されるだけで374℃を超える蒸気になって過熱される．このようなボイラではボイラ胴も蒸気分離器も不要である．図5·2はベンソンボイラを図解したものであるが，このボイラでは加熱面はいずれも平行に置かれた多くの小管からなっていて，その数はボイラの容積に

よってきまる．燃焼室壁の管は一般に垂直かあるいはつねに流れの方向に傾斜して配置され，管寄せによって密なピッチでパネル状に作られる．管寄せは加熱を受けない大径の降水管につながっている．

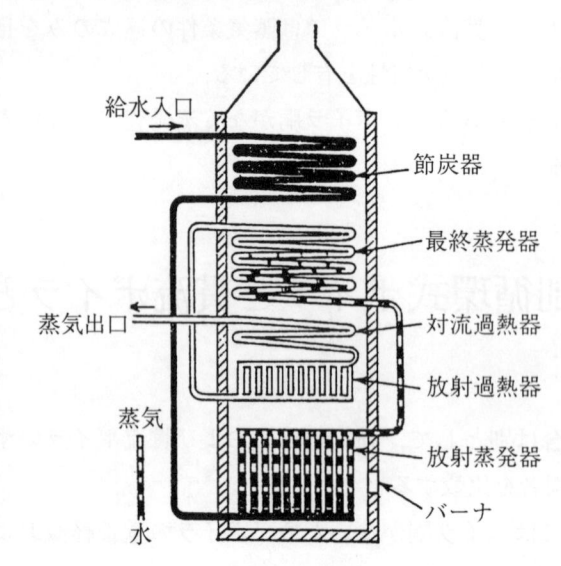

図5・2 ベンソンボイラの図解

ベンソンボイラの最大の特徴は始動および停止が短時間に行えることであるが，冷体状態から運転状態までの始動に要する時間は普通20分であり，保熱状態からでは10分位である．燃料の着火後5～10分で余分の水があふれ出て蒸気が発生される．

変圧運転　このボイラでは既述の長所に加えて一定過熱蒸気温度の蒸気が得られること，変圧運転のできることなどの長所がある．変圧運転というのは定格圧力以外の圧力でも自由に運転することの可能な方法をいい，とうぜん圧力の変化に応じて負荷が変化する．

5・4　ズルツァボイラ

ズルツァボイラ　ベンソンボイラによく似ているが，ズルツァボイラ（Sulzer boiler）は比較的大径の管を節炭器出口から蒸発管出口の汽水分離器にいたる間，並列に配置しその間に

モノチューブ方式　管寄せを設けない，いわゆるモノチューブ方式（mono tube system）をとったボイラである．したがって降水管がない．

またベンソンボイラでは管寄せや降水管で汽水の混合均一化をはかっているのに対し，ズルツァは各並列管入口にオリフィスを付けて並列管の流量均一化をはかっている．またベンソンには汽水分離器がないが，ズルツァにはこれがある点などが異なっている．

スケール　一般に貫流ボイラは高圧ボイラとして採用されるために，ボイラにおけるスケール付着の防止，およびタービンへの送気純度の上昇は最も重要視される．

したがって汽水分離器の設置によってボイラの蒸発管中において最もスケールが付着しやすいと考えられる移動点，すなわち飽和水がすべて飽和蒸気に移行する最終点をなくすということ，およびタービンにとっては不純物の濃縮したボイラ水を分離し，純度の高い蒸気のみを送気することができる．図5・3はわが国でも最大容

5・4 ズルツァボイラ

量クラスである1000MWプラントの石炭だき貫流ボイラの例を示す．

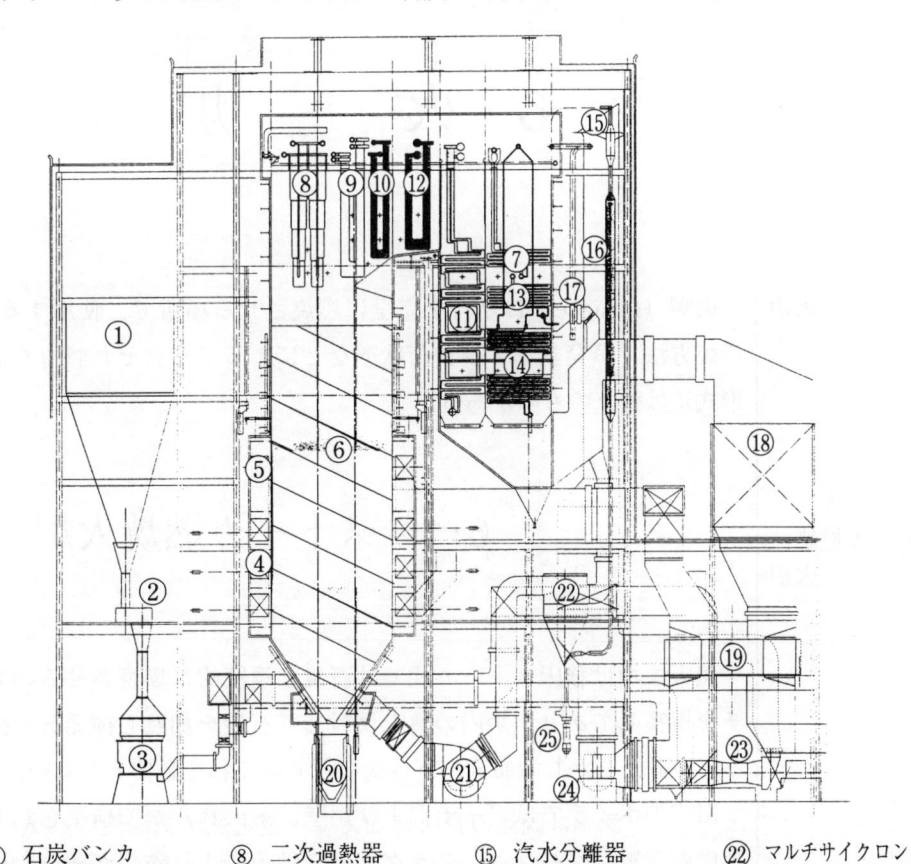

① 石炭バンカ	⑧ 二次過熱器	⑮ 汽水分離器	㉒ マルチサイクロン
② 給炭機	⑨ 三次過熱器	⑯ 汽水分離器ドレンタンク	㉓ 一次空気通風機
③ 微粉炭機	⑩ 四次過熱器	⑰ 節炭器バイパスダクト	㉔ 押込通風機
④ バーナ	⑪ 一次再熱器	⑱ 排煙脱硝装置	㉕ ボイラ循環ポンプ
⑤ NOポート	⑫ 二次再熱器	⑲ 再生式空気予熱器	
⑥ 火炉	⑬ 蒸発器	⑳ クリンカホッパ	
⑦ 一次過熱器	⑭ 節炭器	㉑ ガス再循環通風機	

図 5・3　大容量貫流ボイラの例

6 火炉

火炉 | 　火炉（furnace）は燃料を完全に燃焼させる場所で，使用する燃料の種類，性質，燃焼方法，蒸発量および負荷状態などによってそれぞれ特有な設計がなされ，その形式には種々のものがある．

6・1 ストーカ燃焼火炉

ストーカ燃焼火炉

　鎖床または移床ストーカ式では石炭を連続的に燃焼させるので，必ず前部にアーチを構築してあり，炉内の熱を反射して石炭を加熱し揮発分を揮発させる設計になっている．しかし散布式，下込式などではこれを必要としない．

　旧式のボイラではアーチおよび炉壁は耐火れんがで構築されていたが，高温による膨脹収縮，クリンカ，スラグなどの付着による破損が多いため，水冷壁が使用されるようになった．その後火炉から熱吸収を良好にするためベーレ式水冷壁（Bailey water cool wall）が採用されることが多い．

6・2 微粉炭燃焼火炉

微粉炭燃焼火炉

　微粉炭燃焼（pulverized coal firing）ボイラの火炉の形式は，炉底の構造から分類するとホッパボトム形（hopper bottom type）およびスラグタップ形（slag tap type）になる．また炉壁の構造から分類すると，ベーレ式火炉およびベーレ式水冷壁および裸水管式水冷壁に大別される．

ホッパボトム形 | **(a) ホッパボトム形**
　火炉の下部がホッパ状をしていて固形の灰を処理するもので，図1・2に示したものはこの一例である．

(b) スラグタップ式
　灰の融点の低いものはホッパボトム形にすると火炉温度を低くとらざるを得なくなり，燃焼および構造上不利なので燃えかすを火炉内で溶融させ，炉底より適時流出させ，噴射水で粒状に砕いて運搬する．これをスラグタップ式といい，普通灰の融点1000℃程度以下のものに採用される．

スラグタップ式

ベーレ水冷壁 | **(c) ベーレ水冷壁（Bailey water-cooled wall）**
　これは相隣接する水管にクランプとボルトで鋳鉄製ブロックを締付け，特殊の耐

火材を適当な厚さに塗りつけ，表面が炉内の高温にさらされても相当の熱量が水管に逃げるため，壁面温度は灰の溶融点以下に保つことができる．とくに灰の冷却をはかるところでは耐火材を塗らない裸のままのものを使用する．図6・1はこの一例を示す．

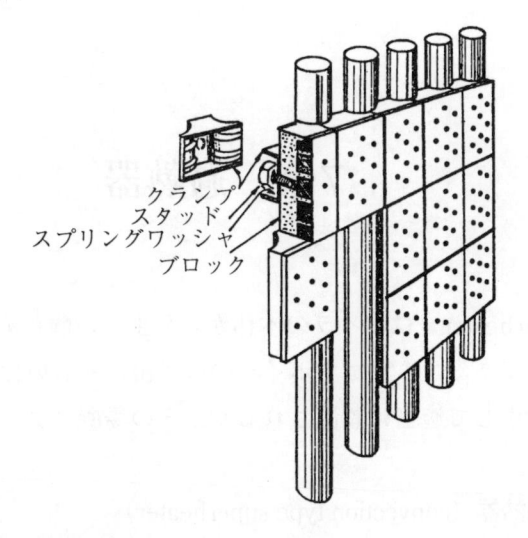

図6・1 ベーレ水冷壁

(d) **裸水管炉壁** (bare tube wall)

裸水管炉壁

自然循環形の高圧ボイラではボイラの高さが30 m以上となる長尺水管となるので，ベーレブロックはその重量が非常に大きくなるため一般に採用されず，裸水管が用いられる．したがって火炉に面する壁面は全部水管自体をもって形成され冷却効果も増す．裸水管の水冷壁には図6・2に示すような方法がある．このうちタンジェントチューブ式は冷却効果を増加するため，水管を互いに密封して火炉に面する壁面は全部水管をもって形成するものである．

タンジェントチューブ

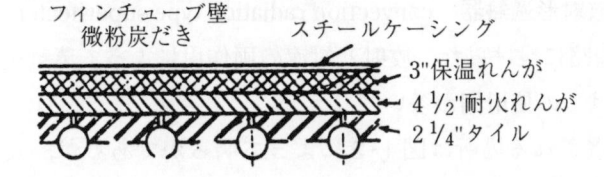

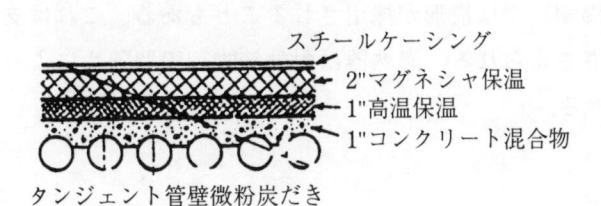

図6・2 裸水管炉壁の例

7 過熱器・再熱器

7・1 過熱器

過熱器　　過熱器（superheater）はボイラの本体から発生した飽和蒸気を所定の最終温度まで過熱する装置である．これは各ボイラの火炉出口あるいは煙道内に過熱温度，蒸気流量などを考慮して適当に設置されるが，その場所によってつぎの三つに大別される．

対流形過熱器　　(a) **対流形過熱器**（convection type superheater）

普通ボイラの第1通路と第2通路との間に設けられ，熱ガスの対流作用によって蒸気を過熱するもので，蒸発量が定格に対して少なくなると過熱度が少なくなり，蒸気温度が下がる傾向がある．

放射形過熱器　　(b) **放射形過熱器**（radiation type superheater）

燃焼室の一部に設けられ，主として放射熱によって蒸気を加熱する．これは対流形過熱器と反対に蒸発量が少なくなると過熱度が多くなり，蒸気温度が上がる傾向がある．

対流・放射形過熱器　　(c) **対流・放射形過熱器**（convection radiation type superheater）

ボイラ第1通路に設けられ，放射と対流の両作用によって蒸気を加熱する．最近の大形ボイラにはこの使用例が多い．

過熱器の装置される場所は図1・2によって明らかであるが，大形ボイラにおける具体的な構造は図7・1のとおりである．これは吊下形と称されるものであるが，一次過熱器（高温側）では横形が採用されることもある．これは支持金物を介して支持水管などにささえられる．過熱器は耐熱鋳物製の間隔片によって上下左右の間隔を一定に保たせる．

7・2 過熱低減器

過熱低減器

最近のタービン・ボイラにおいては蒸気温度が非常に高く，500℃くらいは普通となり，これ以上のものも採用され，温度がその使用材料の限界に近いために温度の変化を与えることは好ましくない．

しかしボイラにおける過熱蒸気温度は負荷・燃焼・給水温度その他運転状態によって上下するから，この温度の上昇を一定値以下に調整してタービン送気する場合，

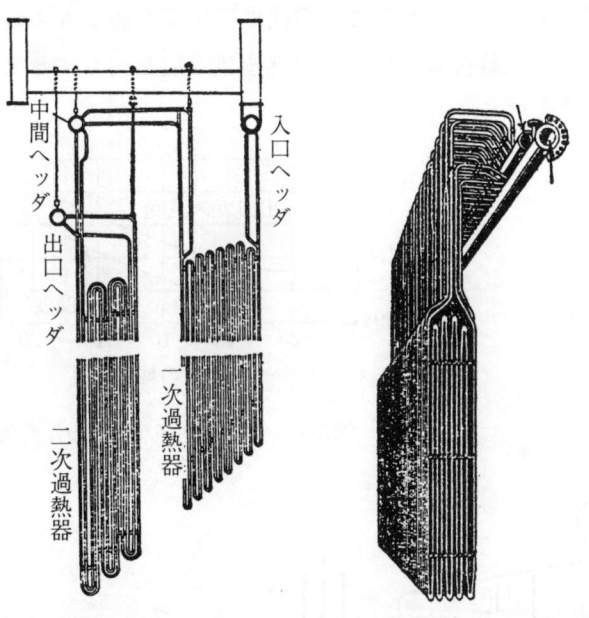

(a) 過熱器の一例　(b) 過熱器管とヘッダの接続例　　図7・1

あるいは高温高圧ボイラによって発生される蒸気の温度を一定値以下に調整して低温低圧のタービンに供給する必要がある場合もある．この目的に用いられるものが過熱低減器（desuperheater）であって，この形式にはつぎに述べるような種々のものがある．

過熱低減器

7・3　過熱蒸気温度調整装置

蒸気温度調整装置

　過熱器出口の蒸気温度を調整するため，最近のボイラでは蒸気温度調整装置を備えている．この種類にはつぎに示すようなものがあるが，これらは一つのボイラに一種類だけ採用することはなく，二つ以上の温度調整装置を同時に採用することが多い．
　(a) ガスをバイパスさせる方式
　ガス流に対してバイパスダンパを設けて，過熱度の増加程度に応じてガスを脇路から逃がして過熱器を通るガス量を減じ，過熱器での吸収熱量を少なくして蒸気温度を適正にする．

バーナ
チルチング方式

　(b) バーナチルチング方式（burner tilting system）
　バーナの角度を上下に動かして燃焼中心点を上下させ，火炉吸収熱量の変化による火炉出口ガス温度の変化で所要の過熱度を得ようとするものである．図7・2はこの方式の温度調整範囲の一例を示す．

ガス再循環方式

　(c) ガス再循環方式（gas recirculation system）
　図7・3(a)に示すように，節炭器あるいは過熱器を出たガスの一部を再循環ファンによってふつうは火炉ホッパあるいはとくにバーナ部分の下方に再循環させる．この比較的冷たいガスは火炉の低い壁の部分を包んで，ある程度火炉放射を減少させようとする．バーナ部分を通った後は新しい燃焼ガスと一緒になって上昇し，過熱

器を通過する．すなわちこの方法で過熱器を通るガスの量が増加して，接触熱伝達が増加し，低負荷においても過熱蒸気温度を高くすることができる．図7・3(b)はこの特性を示す．

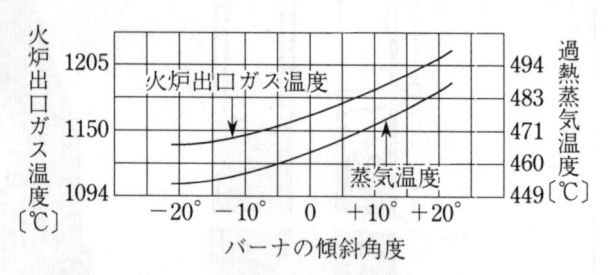

図7・2　チルチングバーナの作動例

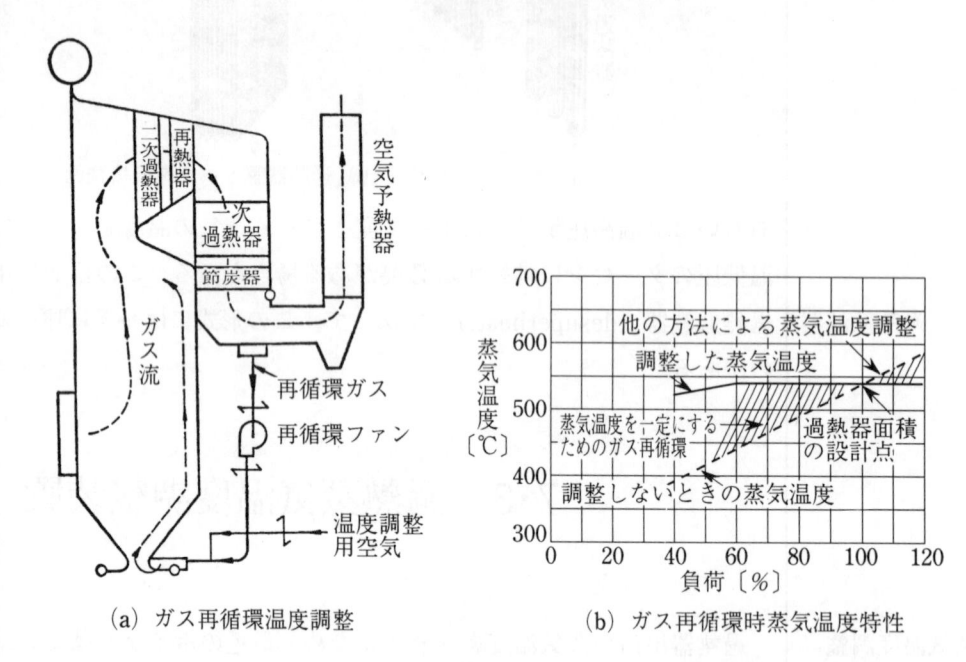

(a) ガス再循環温度調整　　(b) ガス再循環時蒸気温度特性

図7・3

表面冷却方式

(d) 表面冷却方式

これには種々の方法があり，図7・4はこの一例を示す．

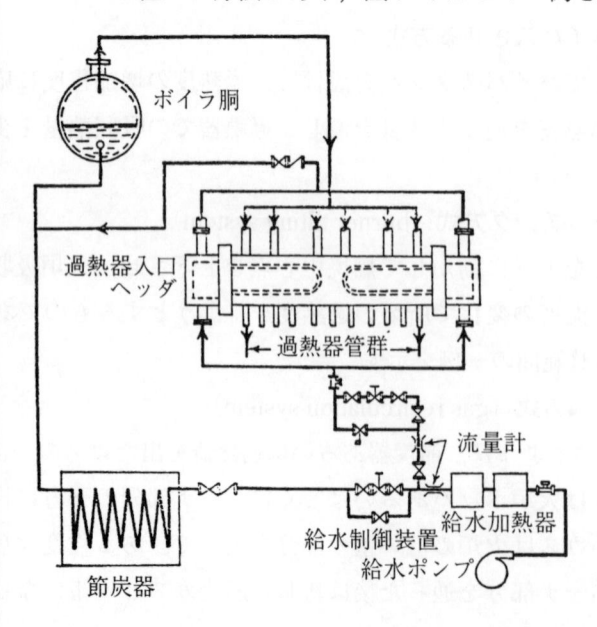

図7・4　表面冷却方式管系図

-26-

7・4 再熱器

スプレイ方式

(f) スプレイ方式（spray system）

一次過熱器と二次過熱器の中間管寄せに給水を噴射して温度を低減させる方式のもので，図7・5はこれを示す．

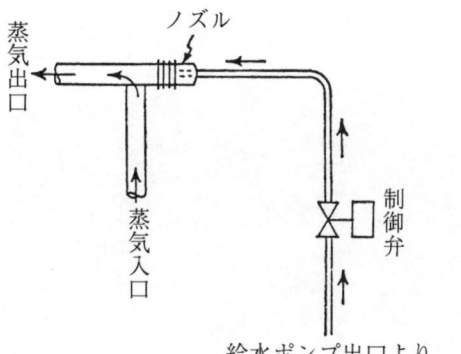

図7・5 過熱低減器の一例

7・4 再熱器

高圧蒸気を高真空まで断熱膨脹させると排気は湿りを生じ，タービン内で羽根を腐食し摩擦損失を大とする．したがって再熱サイクルの説明において既述したように膨脹の途中で蒸気を再熱し，乾燥度を大にするとこの障害を防止でき効率も向上する．

具体的にこれを説明すると，図7・6において過熱された蒸気は高圧タービンを通って熱と圧力をこれに与えた後，ボイラに返してこれを再熱してふたたびタービンの中圧あるいは低圧部に送って，ここで仕事をした後復水器に入る．このように蒸

再熱器

気の再熱をするのが再熱器（reheater）であり，その位置は普通二次過熱器の後に置

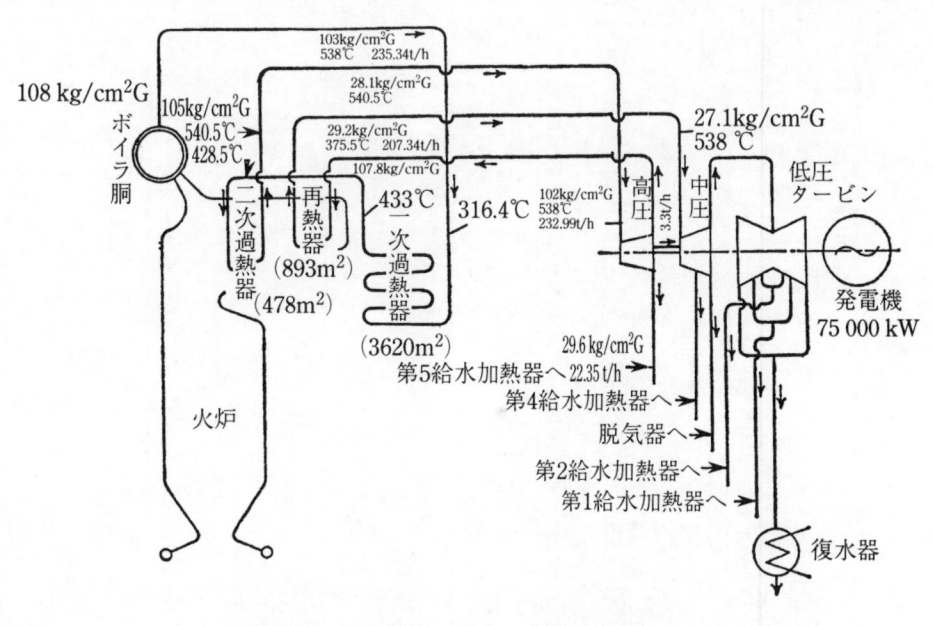

図7・6 再熱器および関係管系統図

かれ，構造は実質的には二次過熱器と大体同じである．再熱器出口蒸気温度は二次過熱器出口温度とほぼ等しい値とする場合が多い．再熱による熱効率の向上は非再熱時に比べて（相対的に）4～5％といわれている．

8 節炭器・空気予熱器

8·1 節炭器

　燃料は火炉で燃焼して過熱器，再熱器を加熱後にガスとなって煙道 (flue) へ出て行くが，この煙道における温度はまだ相当に高いのが普通である．

煙道ガス
節炭器

　この煙道ガスの余熱を利用してボイラ給水を加熱し，ボイラプラント全体の効率を高めようとするものが節炭器である．節炭器 (economizer) にはこのほかにも給水の予熱によってボイラ水の温度変化が小さくなり，熱応力による悪影響が減少する利点がある．また補給水の水質があまりよくないところでは硬度を減少し，ボイラ本体のスケール付着を少なくすることができる．

　節炭器によって節約できる燃料節約率はつぎのように高めることができる．すなわちいま蒸気が D〔kg〕発生し，そのエンタルピーが i（飽和蒸気のとき i_1，過熱蒸気のとき i_2）であるような燃焼が行われるとし，そのときの発熱量を H_e とし，ボイラ設備の効率を η とすると，燃料の節減は

$$\frac{D(i-t_1)}{H_e \eta} - \frac{D(i-t_2)}{H_e \eta} \,\text{〔kg〕} \tag{8·1}$$

ただし，t_1；節炭器入口給水温度
　　　　t_2；節炭器出口給水温度

したがって，節炭器のない場合の燃料消費量の〔％〕からすると

$$\frac{\dfrac{D(i-t_1)}{H_e \eta} - \dfrac{D(i-t_2)}{H_e \eta}}{\dfrac{D(i-t_1)}{H_e \eta}} \times 100 = \frac{t_2 - t_1}{i - t_1} \times 100 \,\text{〔％〕} \tag{8·2}$$

となり，だいたい給水の温度を6℃上昇するごとに約1％といわれている．

　節炭器には固定形と回転形があるが，一般には固定形が使用される．使用材料から分類すると鋳鉄形と鋼管形になる．鋳鉄形には平滑管式とひだ付管式があるが，ひだ付管式は熱ガスとの接触面積を大きくするために管の表面にひだを付けている節炭器で，ギルド管形またはリブド管形と呼ばれる．図8·1はギルド管形節炭器を示す．鋼管製節炭器は圧力に制限のないことと加工が自由なために，大出力ボイラにはほとんどこの形が用いられている．

ギルド管形
節炭器

　鋼管は鋳鉄管に比べると腐食には弱いが最近では給水処理を完全に行うことが可能であるため腐食の心配がない．一般には50 mm程度の管が用いられる．またこれには水管の周囲にたくさんのひれを溶接して単位管長に対する伝熱面積を多くした

図8・2のようなフィン付形のものも用いられる．

多くの節炭器は給水を蒸発点まで加熱することはないが，スティーミング形と称して蒸発点まで加熱されるものもあるが，あまり一般的でない．

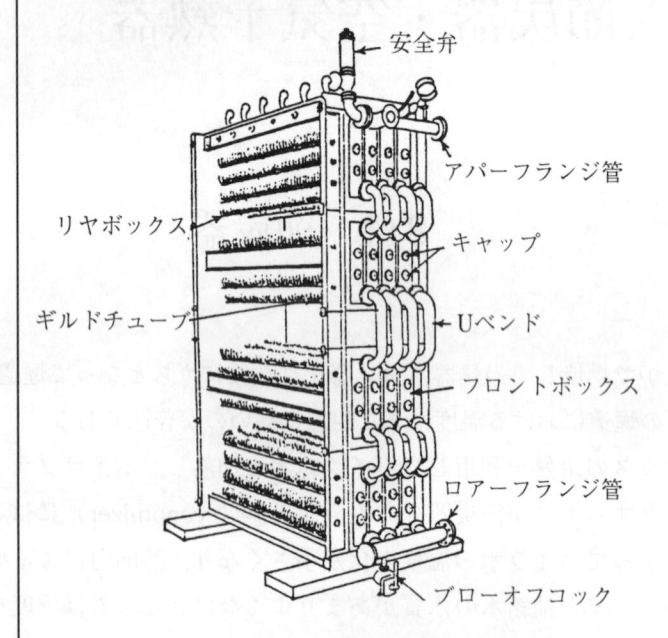

図8・1 ギルド管形節炭器

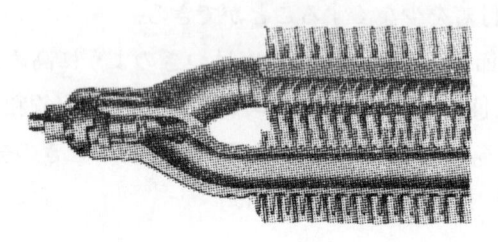

（ラベル：安全弁，アパーフランジ管，リヤボックス，キャップ，ギルドチューブ，Uベンド，フロントボックス，ロアーフランジ管，ブローオフコック）

図8・2 フィン付形節炭器

8・2 空気予熱器

節炭器と同様，ボイラの煙道ガスの余熱を利用してボイラ火炉および微粉炭機に送る空気を加熱するもので，燃焼温度を高め燃料の節約をはかる設備である．これの設けられる位置は図8・3のように節炭器よりも後である．

このように燃焼用空気を予熱すると燃焼がいちじるしく促進され，少量の過剰空気で完全燃焼されるので熱の発生量が多くなり，同時に煙道ガス量が少なく，その温度も低くなるのでボイラ効率が上昇し，燃料の節約をはかることができる．

(a) 空気予熱器の種類

|伝導式|(1) 伝導式　隔壁を通して空気に熱を伝達する方法で，これにはプレート形と管形とがある．|

|プレート形空気予熱器|(i) プレート形空気予熱器（plate type）　これは多数の薄鉄板の端を交互に溶接して，ガス通路と空気通路を交互に隣合わせた構造のものである．ガスは垂直方向に流れ，空気はこれに直角に水平に流れる．ボイラの容量によって所定の空気温度を得るために，これを適当数組合わせて使用する．|

|管形空気予熱器|(ii) 管形空気予熱器（tubular type）　管形空気予熱器の管は高低温部ともに上|

8・2 空気予熱器

下の管板の一方が固定されていて，他方は自由に伸縮できる構造になっていて，ガスは管内を通り空気はバッフルにより管形を管に直角に流れて加熱され，空気予熱器外へ出る．

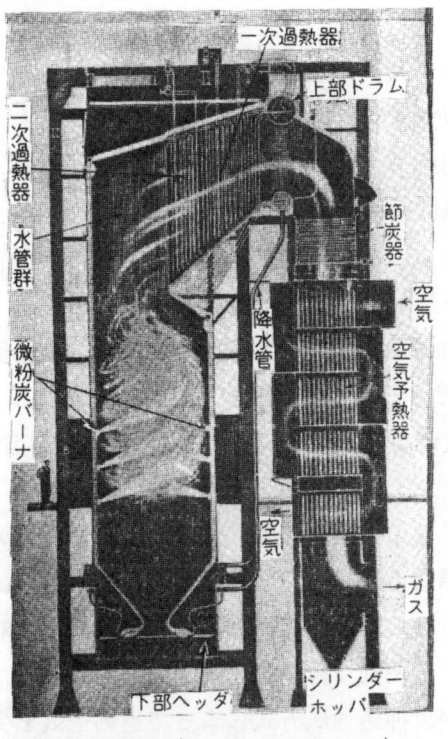

図8・3 燃焼ガスの流れ

再生式予熱器
ユングストローム空気予熱器

(2) 再生式予熱器 (regenerative type)　ガスから空気への熱交換に蓄熱体を使用する方式で，代表的なものとしてユングストローム形 (Ljungstrom type) がある．図8・4(a)はユングストローム空気予熱器を示す．

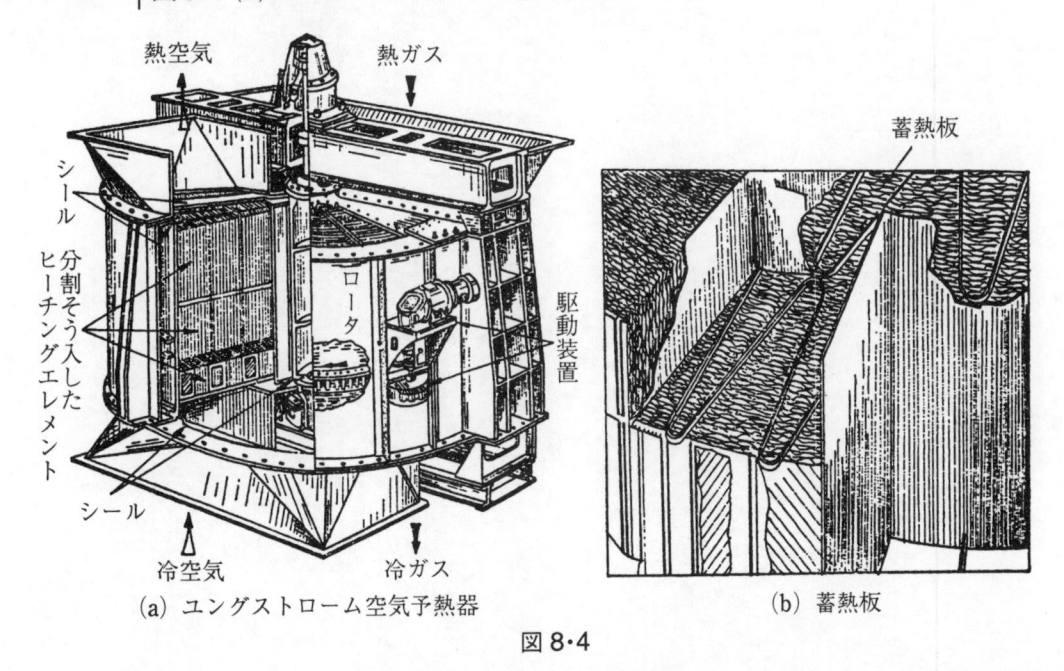

(a) ユングストローム空気予熱器　　(b) 蓄熱板

図 8・4

　この予熱器は円筒形鋼板製外殻と，電動機により回転する多数の蓄熱板をもったロータからなり，外殻には反対方向に流れるガスおよび空気の通路が連結されている．蓄熱板がガス中を通過している間に加熱され，ロータが徐々に回転して空気側にきたときに，その熱を冷空気に与える．蓄熱板はうすい波形特殊鋼板製で，ロータの扇形室内にガスおよび空気の流れ方向に入れられている．図8・4(b)は蓄熱板

－31－

を示す.

この形の空気予熱器は他の形に比べて場所的に小さくてすむため,大容量火力に用いられる例が多い.

予熱空気

(b) **予熱空気の温度**

予熱後の空気はストーカの場合は最高約200℃,微粉炭の場合は200〜300℃で,空気予熱器出口の煙道ガス温度は200〜150℃程度である.

空気予熱器

(c) **空気予熱器の利点**
(1) 燃焼用空気の温度を高めるため燃焼効率が増加する.
(2) 過剰空気が少なくてすみ,劣等炭の燃焼に対しても有効である.
(3) 不完全燃焼が減じ,すすの発生が少なくなる.
(4) 燃焼速度を増加させるために短炎燃焼ができ,燃焼室の利用率が増し燃焼率をあげることができる.
(5) 燃焼ガスの温度が高くなり熱伝導が増加し,水の循環がよくなる.

腐食防止

(d) **腐食防止**

重油を使用するボイラの空気予熱器には煙道ガス温度を調節し,その腐食を防止するために熱空気再循環方式,冷空気バイパス方式,または蒸気加熱空気予熱器方式などの設備が付属されている.また高温部と低温部に分離し,腐食しやすい低温部は小さくし,取換えに便利な構造にすることもある.また空気予熱器を水洗いして腐食を軽減するほか,押込通風方式によって過剰空気を少なくして腐食を軽減する方法もとられる.

9 ボイラ付属設備

9・1 安全弁

安全弁　安全弁（safety valve）はボイラ胴，過熱器出口，その他圧力容器に取付けて，内部の圧力が一定限度を超過した場合に自動的に蒸気を噴出させて圧力を下げる目的に使われる．構造上の種類としては重り安全弁，てこ安全弁，ばね安全弁などがあるが，発電所用としてはもっぱら高揚程ばね式が採用されていて，ばねはケース中に収めたものが多いが，いずれも外から調整，封印のできるようになっている．図9・1はこの一例を示す．

ばね式安全弁

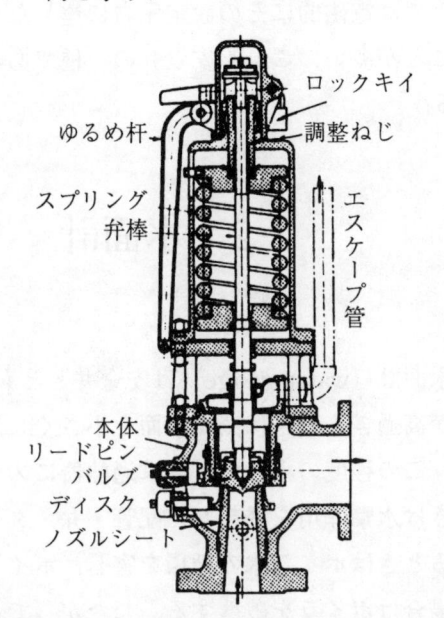

図9・1　ばね式安全弁

ボイラ用安全弁　火力発電所に設置されるボイラ用安全弁は発電用ボイラ技術基準によるとつぎのように規定されている．

(a) **個数と性能**

ボイラには安全弁2個以上を備えて圧力が最高使用圧力以上6％をこえないようにしなければならない．

吹出し圧力　(b) **吹出し圧力**

ボイラ胴の安全弁はそのうち少なくとも1個はボイラの最高使用圧力以下で，それ以外のものはボイラの最高使用圧力をこえる3％以下で吹出す必要がある．過熱器用の安全弁はボイラ胴のものより低い圧力で吹出すように調整し，貫流ボイラのようにボイラ胴のないものはボイラ胴に取付けられたものと同様に吹出すように調整する．

9 ボイラ付属設備

吹下り圧力 | **(c) 吹下り圧力**
0.2 kg/cm^2 以上で，吹出し圧力の7％以下である必要があるが，貫流ボイラおよび再熱器では10％まではよい．図9・2は安全弁の一例を示す．

図9・2 安全弁

電磁式逃し弁 | 最近の高圧ボイラでは電磁的にその設定圧力に達したとき動作させる電磁式逃し弁が取付けられることが多い．これも安全弁の一種であるが，普通正式の安全弁よりも速く動作させる．

9・2 水面計

ボイラ付属品中水面計（water gauge）は安全弁とともに最も重要なものである．ボイラ胴内の水位が高過ぎるときは蒸発水面を小さくし，汽水共発を起し蒸気に多量の水分を含ませ，この程度の小さいときは過熱器にスケールを生じ，また温度を低下し，大きいときは水撃作用を誘起して配管・弁・タービンに障害を与える．反対に水位が低過ぎるときはボイラ水の循環を害し，ボイラの伝熱面を過熱するおそれがあり，極端な場合はボイラを破壊する．したがって各ボイラはつねにその水位

水面計 | を適当な範囲内に保ち得るようボイラ胴内の水位を外部から監視できる水面計で常時監視する必要がある．図9・3は水面計の取付例を示す．

使用圧力が20 kg/cm^2 程度までの低圧にはガラス管の水面計が用いられているが，高圧にはクリンガ形などの平面ガラスを片面または両面に用いた水面計が使われる．これらのガラスは鍛鋼製の堅牢なわくではさんで一様に押しつけられる．またガラス内面が高圧ボイラ水によって化学的に侵されて破損を速めるため雲母板を張ってこれを防いでいる．

超高圧の場合にはガラスわくを多数の窓に区画しておのおのに小さいガラスを取付け，これに耐えるようにしている．

発電用大容量ボイラでは高さが非常に高くなり，ボイラ胴の水面計が監視しにく

2色水面計 | いため，遠方から容易に監視できる2色水面計がよく使用される．これは光の屈折

9・4 すす吹装置

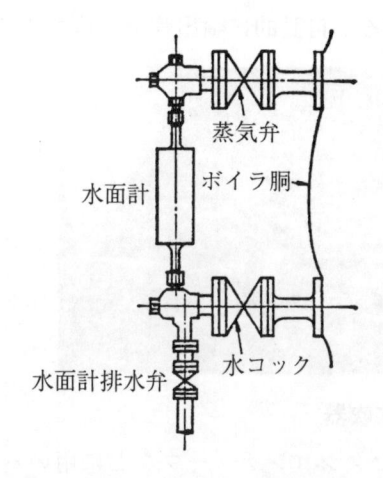

図9・3 水面計

を応用して水部分が青色に，蒸気の部分が赤色に見えるようになっている．

大形ボイラでは胴に直接取付けた水面計は見にくいために，計器盤に水面を指示させるため遠隔水面計が使用される．これには機械式と電気式がある．

9・3 水位警報器

ボイラ負荷の急激な変化あるいは給水調整機能の不調などによりボイラ水面がはなはだしく上下する場合，プライミングや過熱を防止するために自動的に動作して警報するもので，機械的に作動するものと電気的に作動するものとがある．

9・4 すす吹装置

ボイラを長時間連続運転すると，ボイラ各部の水管，過熱器，節炭器および空気予熱器などのガス通路にクリンカ（clinker），バードネスト（birdnest）あるいはシンダ（cinder）などが付着して伝熱および通風を阻害し，ボイラ出力の減少，効率の低下などが起るために定期的に掃除して伝熱面を清浄に保つ必要がある．

すす吹装置（soot blower）はこのために設備されるものであるが，この形式は操作方法によって手動式と自動式に大別され，また使用流体によって空気式，蒸気式および空気・蒸気式の併用式に分けられる．しかし手動式は非常な労力を要することと，大容量ボイラではその数も多いために，主として小形ボイラに採用される．

自動式は手動式に比べて適正な回転速度を得ることができ，操作時間および労力にむだがないことなどの長所があるため，最近の大容量ボイラではすべてこれが採用される．しかも最初に始動ボタンを押すだけで全操作を行うことのできる全自動式がほとんどである．すす吹器はその構造によってつぎのように分類される．

(a) 短抜差形すす吹器

主として火炉壁のような平面を掃除するのに用いられる．これは図9・4のように回転噴射管を炉内に伸長して蒸気用元弁を開くとともに回転噴出管を旋回させて適

-35-

9 ボイラ付属設備

当な速度で1回転すると自動的に噴出管を引込ませて蒸気を閉止する．

図9・4 短抜差形すす吹器

(b) 長抜差形すす吹器

過熱器あるいはセクションチューブなどに用いるもので，噴出管を炉内に適当な速度で旋回しながら伸長し，管群内で蒸気を噴射してすす吹きを行いながら前進し，これが終われば自動的に後退して管群を離れると同時に蒸気元弁を閉止して完全に引出して停止する．図9・5は長抜差形の一例を示す．

図9・5 長抜差形すす吹器外観

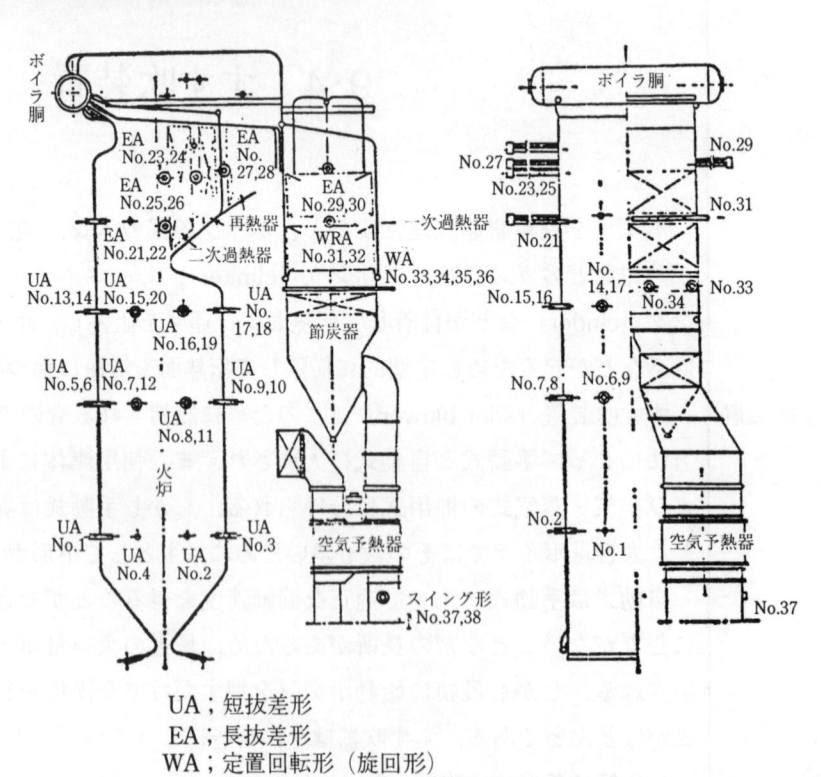

UA；短抜差形
EA；長抜差形
WA；定置回転形（旋回形）

図9・6 すす吹装置の配置例

-36-

9・4 すす吹装置

旋回形すす吹器

(c) 旋回形すす吹器

節炭器などのような低温部の管のスートブローに用いられ，ボイラ内に設置された旋回噴出管にノズルが取付けられていて，適当な回転をすれば自動的に停止する．

スイング形すす吹器

(d) スイング形すす吹器

再生式空気予熱器などに使用されるもので，すす吹き中は蒸気を噴出させながらすす吹器を首振り運動させる方式のものであり，全般的な掃除ができる．**図9・6**はすす吹装置配置の一例を示す．

10 給水装置と給水

10·1 給水ポンプ

　給水ポンプ (feed water pump) は発電所運転上最も重要な装置の一つで,発電所の心臓部ともいえるため必ず予備をもつのが原則である.給水ポンプはもちろんタービン復水をボイラへ送水するものであるが,一般にその位置は低圧給水加熱器,脱気器のつぎに置かれ,水温は100～150℃前後である.したがってキャビテーション (cavitation) を起こさせないために吸込側には相当の押込圧力が必要とされる.この対策として普通脱気器は発電所中最高に近い位置に設備される.しかしこれの不可能な場合は昇圧ポンプ (booster pump) を設置する.

　給水管系には流量計用オリフィス・圧力計・温度計・水抜用座および給水加減弁などが設けられる.また給水ポンプ吸込側には閉止弁,吐出側には閉止弁・逆止弁などが設けられる.給水ポンプの容量,台数の選定方法にはボイラ蒸発量100％に対し,水量約120％のものを2台 (1台は予備),または水量約60％のものを3台 (1台予備) の二つがあるが,最近の傾向では後者の例が多い.また揚程は大体ボイラ圧力の1.2～1.5倍とすることが多い.

給水ポンプ用電力

(a) 給水ポンプ用電力の所要量

給水ポンプ用電動機の容量の決定のためには次式がある.

$$P = 0.163 \times \frac{\gamma QH \times 10}{60\eta} \times \mu \quad [\mathrm{kW}] \tag{10·1}$$

ただし,P;ポンプの所要動力 [kW]

　　　　Q;蒸発量 [t/h]

　　　　H;全圧力 [kg/cm^2]

　　　　γ;揚液の単位体積の重量 [kg/l]

　　　　μ;ポンプ所要動力に対する余裕 (1.3くらいであるがQやHに余裕をとる場合は考えなくてよい)

　　　　η;ポンプ効率 (0.7～0.85,普通0.75くらいをとればよい)

給水ポンプ

(b) 給水ポンプの構造

　発電用のボイラ給水ポンプとしては普通横形の多段渦巻ポンプが使用され,ガイドベーン (guide vane) の有無によりタービンポンプ (turbine pump) とボリュートポンプ (volute pump) に区別される.

　ケーシングには上下二つ割りになったもの,および円筒形のケーシングが中に二つ割りあるいはセクショナル形に作られたケーシングを内蔵したものがあり,後者

10・1 給水ポンプ

を二重胴形という．上下二つ割りの形は分解点検に便利であるため85 kg/cm²以下では広く使われるが，これ以上の高圧になると合わせ目の漏れ止めが困難になるため二重胴形が主に使用される．

この形のものは内部とこれをさらに包んでいる外部ケーシングの中間にすき間を設け，このすき間にポンプ吐出圧力を充満させて，内部ケーシングどうしの合わせ目を半径方向または軸方向に押付けているため，羽根車を囲む圧力発生部である内部ケーシングに変形やひずみが起らない．図10・1(a)，(b)は給水ポンプの例を示す．

図10・1(a)　給水ポンプ

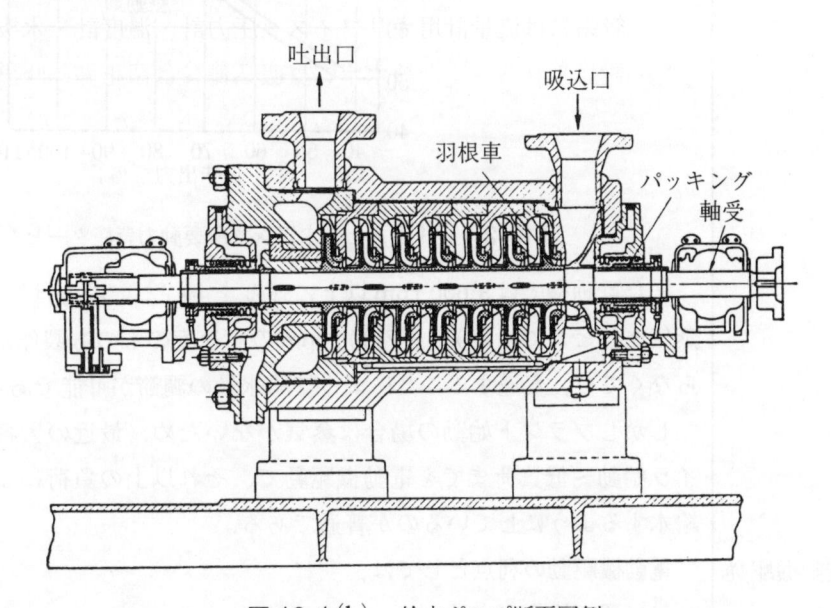

図10・1(b)　給水ポンプ断面図例

ケーシング　　ポンプは高速・高圧になるに従い，ケーシングの材質は普通鋳鋼から2％クロムモリブデン鋳鋼，さらに5％クロムモリブデン鋳鋼とし，耐食，耐摩耗性を大にする．ランナは1 500，1 800rpm程度の回転数では普通砲金あるいは燐青銅製とするが，それ以上の回転数の高温高圧になると，13クロム鋼または18：8不銹鋼とし，十分な耐食・耐圧・耐摩耗性をもたせる．

(c) ポンプの駆動方式

ポンプの駆動方式には電動機による場合と，専用の蒸気タービン駆動による場合とがある．電動式給水ポンプでは大容量のものでは290 kg/cm²，600 t/h，3 650 kWのものもあるが，これに対しては三相かご形誘導電動機が使用され，給水量の制御は自動給水加減装置によっていた．しかし3 600 kW，450 t/hあるいはそれ以上の容

電動式給水ポンプ

10 給水装置と給水

量では蒸気タービン駆動のものが採用されるようになった．

大容量プラントで給水ポンプを電動機駆動にした場合は，所内変圧器の容量増加，始動時における大電流のための所内回路の電圧降下などの技術的な問題が起る．また給水ポンプへの給電のためのケーブルは電圧降下を防ぐために大サイズとなり，遮断器容量低減の要望と相反することになり，複雑な問題を招く．

蒸気タービン駆動　このため給水ポンプを蒸気タービン駆動とすることが考えられる．蒸気タービン駆動とすると前記の欠点をカバーできるとともに，図10・2のように所要動力が低下し熱効率を向上することができる．また所内電源そう失の場合でもボイラに蒸気があれば給水を継続できる長所がある．しかもすえ付面積が小さく，発電所の建設費が安くなる．

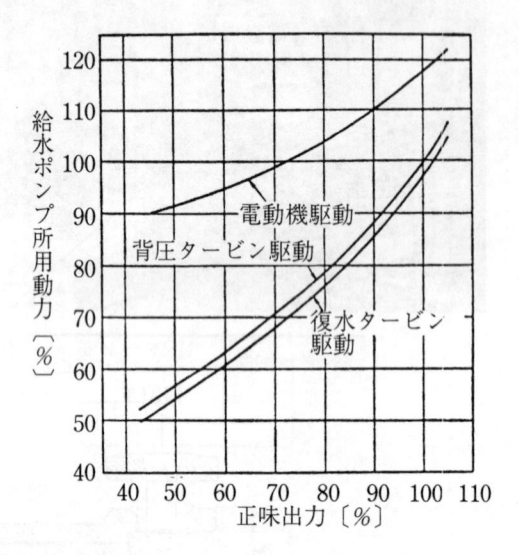

図10・2　正味出力と給水ポンプ所要動力背圧タービン駆動方式基準

また電動機では3 600 rpm以上に速度を上げたい場合は増速装置が必要であるが，蒸気タービンでは5 000〜7 000 rpmの高速度のものも製作が可能で，流体接手によらなくても，変速することによって給水量の調節が可能である．

しかしプラント始動の場合は蒸気がないため，最近の大容量火力発電所では，ボイラ始動〜低負荷までを電動機駆動で，それ以上の負荷になれば，タービン駆動で給水するようにしているのが普通である．

電動機駆動　電動機駆動の利点としては，
(1) 運転操作が容易．
(2) 急速始動が容易．
(3) 設備費が安い．

一方，蒸気タービン駆動方式の利点は下記のとおりである．
(1) 所内電源設備が節減できる．また始動電流による所内電圧の降下がない．
(2) 正味送電量が増加する．
(3) 駆動機出力に制限がなく，大容量のポンプの製作が可能である．
(4) 任意の高速回転速度が選定でき，また変速運転が可能である．
(5) 変速装置を必要としないから，駆動機を含めた効率が良い．
(6) 給水調整弁を設置したものに比べて，絞りの損失が少ない．とくに部分負荷においてこの効果が著しい．

10·1 給水ポンプ

(7) 給水調整弁に比べ，タービンの制御応答が早い．

タービン駆動方式を採用するためには，ある程度以上のプラント容量でないと，この利点が発揮されないので，通常国内では，200MW～250MW以上の大容量プラントに採用されている．

給水ポンプ　また給水ポンプは，法令で「2台以上設置しなければならない」となっているため，タービン駆動と電動駆動が併用されている．図10·3(a)(b)(c)は蒸気タービン駆動タービンの例を示す．

わが国の大容量火力プラントでは，各ユニットに対して1/2容量の蒸気式を2台，始動用および予備兼用として1/4あるいは1/2容量の電動式を1台あるいは2台設置するところが多い．また蒸気タービン駆動の給水ポンプでは，吐出量1 740 t/h, 18 000 kWの容量のものがある．また駆動用の蒸気タービンとしては背圧式と復水式がある．

またまれに駆動方式として外国ではタービン発電機の軸に給水ポンプを設けたものもある．これは駆動用の独立原動機が不必要なうえ，主タービンの出力を給水ポンプの所要電力だけ増すことによって発電機の出力を全部送電できるほかに，効率の向上，所内電源の軽減がはかれる長所がある．しかし始動時の給水に対しては別に始動用給水ポンプを別置する必要がある．

始動用給水ポンプ

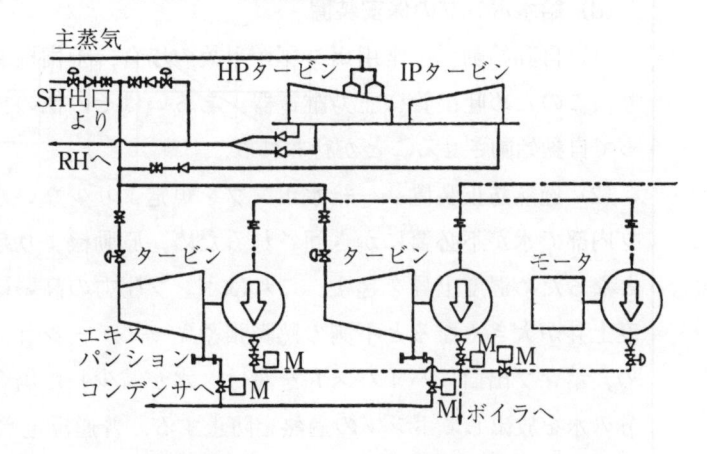

図 10·3(a)　復水タービン駆動給水ポンプ系統図

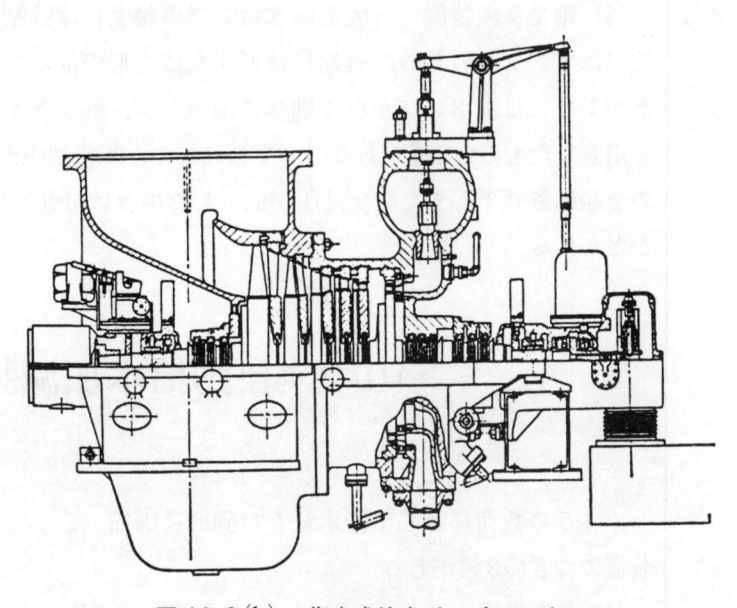

図 10·3(b)　復水式給水ポンプタービン

図10・3(c)　給水ポンプ用蒸気タービン

　給水ポンプには流体接手を使用して速度制御するものや，巻線形電動機によって速度制御する方法があるが，流体接手は大馬力電動機直結の給水ポンプおよびタービン発電機軸端駆動の給水ポンプに多く採用される．3 000～3 500 kW以下の給水ポンプではかご形誘導電動機が採用され，ラインスタート（line start）とする．

(d) 給水ポンプの保安装置

（1）自動始動　　常用ポンプが事故の場合，予備機を急速に始動させる必要があり，このため吐出管に圧力継電器，あるいはその他の検出装置を設けて，これによって自動始動させることが行われる．

（2）過熱防止装置　　給水ポンプを規定より少ない水量で運転する場合は，ポンプ内部で水が不必要にかき回されるため，原動機より与えられる動力の大部分は熱となるため温度上昇を起す．これはポンプ圧力の高いほど大きい．給水ポンプは温度上昇が大きくなると不測の熱膨張やキャビテーションを起し事故の原因となるため，ポンプ出口にバイパス弁を設け，水が減少した場合に自動的にこれを開き，余分の水を放出してポンプの過熱を防止する．普通規定水量の10～15％に減少した場合にバイパス弁を開き，温度上昇を10℃以下になるように調節する．

（3）軸受保護装置　　大形給水ポンプの軸受には強制給油が採用される．給油方法にはポンプおのおのの軸端に横形または立形の油ポンプを有するもの，および給水ポンプには油ポンプがなく別個に油ポンプ，ヘッドタンク，油冷却器，油タンクを用意したものの2種がある．いずれにしても規定油圧がなければ給水ポンプそのものを始動させず，また軸受油圧が低下した場合は自動的にトリップ（trip）する方式がとられる．

〔欄外：軸受保護装置〕

10・2　自動給水加減装置

　ボイラの負荷に応じて給水量を自動的に調節し，ボイラ胴内の水位を一定に保つ装置でつぎの3種がある．
（1）単要素式　　ボイラ胴の水位のみで調節する．

10·2 自動給水加減装置

(2) 2要素式　ボイラ胴内水位と蒸気流量で調節する．

3要素式　(3) 3要素式　水位と蒸気流量および給水流量で調節する．

わが国では(1)(2)にはコープス式，(3)にはベーレ式が多く用いられる．

コープス式自動給水加減器

(a) **コープス式自動給水加減器**

図10·4はコープスの単要素式で，ボイラ胴水位を膨脹管内に導き蒸気側パイプを保温し，水側パイプを空冷にして蒸気部と水部との割合による管の伸縮を利用してバルブの開度を調節する．2要素式は給水加減弁を作動させるのにサーモスタットと蒸気流量要素を使用する．図10·5はコープス空気作動2要素式加減装置を示す．

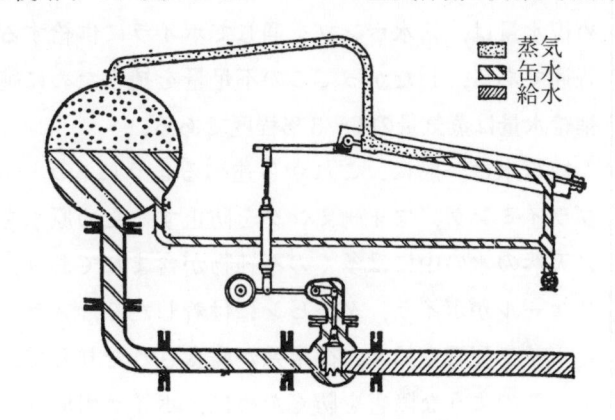

図10·4　コープス単要素式給水加減装置

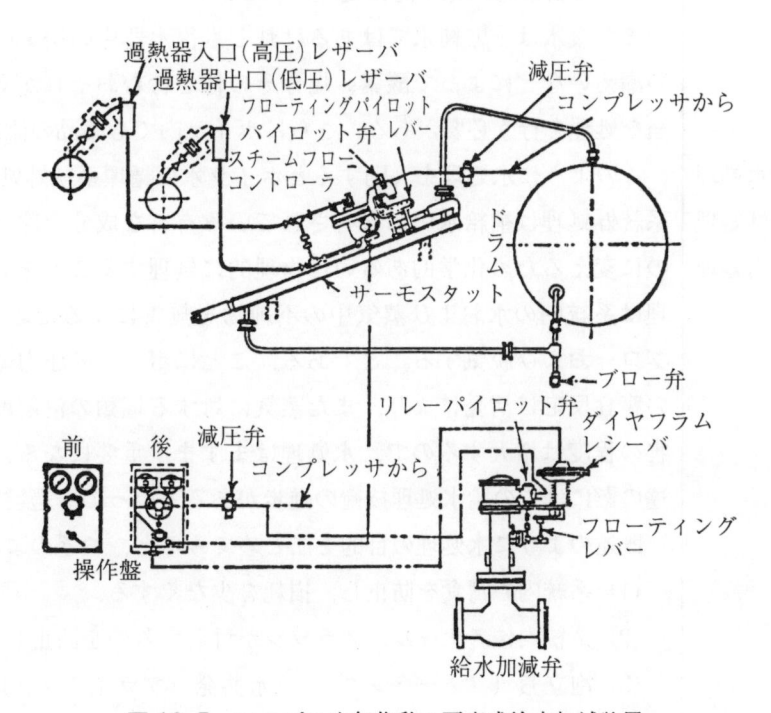

図10·5　コープス空気作動2要素式給水加減装置

ベーレ3要素式給水加減器

(b) **ベーレ3要素式給水加減器**

本装置は高圧・高温・大容量のボイラの給水加減操作に使用され，蒸気流量，給水流量およびボイラ胴水位の3要素によって作動するものである．

10·3 ボイラ給水と処理

　ボイラの供給水は発電用プラントのように復水式の場合は，タービンで仕事を終えて復水器で冷却されて凝結するいわゆる復水が使用されるが，火力発電所の水および蒸気の系統中においては蒸気の漏えいや，必要に応じてブロー（blow）するため復水量は，給水ポンプを通じてボイラに供給する最初の水より若干減少するのが普通である．したがってこの不足量を補うために純水を補給する必要がある．この補給水量は蒸気量の1〜3％程度である．

　補給水は一般に，これから述べるようにスケールの生成，腐食，かせいぜい化，プライミング，フォーミングを防止するため原水を処理した純水を使用する．一般に天然の水の中には多くの不純物が含まれており，これをそのままボイラに送るとスケールがボイラ，タービンに付着したり，スラッジがボイラ内に沈殿したり，またボイラ配管や給水，復水系が腐食されたりして，発電所の熱効率や稼動率を下げる．このような障害を防ぐために，ボイラ用原水はボイラに送られる前に純水装置によって物理的，化学的に処理される．

　また復水は一応純水ではあるけれども復水器中の空気の漏えい，あるいは冷却水の漏えいなどによって酸素，塩分その他を含むおそれがある．したがって復水も適当な処理を行う必要がある．さらにボイラ内でも薬品の添加によって処理される．

　このように水処理を大別するとボイラ水の循環系統外処理と系統内処理とになる．系統外処理は補給水中に含有されている有害な成分を除去あるいは比較的無害なものに変えるため化学的あるいは物理的に処理することをいうわけである．系統内処理は系統内の水および蒸気中の不純物を無害にするために化学薬品を注入したり，ブローおよび脱気することである．ことにボイラの圧力や温度が高くなるほど金属の腐食反応は活発になり，また蒸気に対する塩類の溶解度も増加して，水による障害の程度は増大するので，水処理はますます重要になる．最近の火力発電設備の発達の影にはこの給水処理技術の進歩があるといっても過言ではない．

　既述のように水処理の目的をまとめてみると，つぎのようになる．
　(1) 系統内の腐食を防止し，損耗を少なくする．
　(2) 系統内にスケール，スラッジが付着するのを防止して燃料の節約をはかる．
　(3) 泡立ち（フォーミング），汽水共発（プライミング）を防止して高純度の蒸気を発生させる．

(a) ボイラ用水中の不純物による障害

　不純物を含む水をそのままボイラの中で蒸発させると，つぎのようないろいろな障害を起す．
　(1) カルシウム塩，マグネシウム塩，けい酸塩あるいはそれらの水酸化物，有機物，鉄や銅の酸化物などはボイラの中でスケールまたはスラッジとなり，燃焼ガスから水への熱伝達を阻害し，管の過熱に基づくボイラ管の膨出，破損の原因や弁の故障の原因となる．

(2) 塩類の多くは腐食作用を及ぼす．

(3) 塩類や鉄，銅の酸化物などが発生蒸気中に溶解または浮遊して運ばれ，過熱器中に堆積して過熱器管の腐食や過熱の原因となり，またタービン翼などに堆積してタービン効率を下げる．

(4) 酸素，炭酸ガス，亜硫酸ガス，硫化水素ガスなどは鉄に腐食作用を及ぼす．

これらの障害を防ぐためには，水の処理が必要である．

腐食作用　ボイラ水中の不純物による障害あるいは水による鉄の腐食作用は，既述のとおり一般にボイラの圧力，温度が高くなるほど増加する．一方電力系統上からは圧力，温度の高い発電所は高い利用率で運転しなければならない．したがって，高温・高圧のボイラになるほど十分な水処理を行って，水に起因する障害を除く必要がある．この水処理は循環系統外処理と循環系統内処理になる．以下に上記に概述した事項に対して詳述する．

水の電離

(b) 水の電離とpH

水はいかに純粋なものでもごくわずかであるが，一部は次式のように電離する．

$$H_2O \rightleftarrows [H^+] + [OH^-] \tag{10・2}$$

このH^+とOH^-とH_2Oとの間にはつねにつぎのような一定の関係が存在する．

$$\frac{[H^+][OH^-]}{[H_2O]} = K \quad [H^+][OH^-] = K_w \tag{10・3}$$

このK_wを水の電離定数または水のイオン積と称し，25℃付近では$K_w = 1 \times 10^{-14}$である．純粋な水（中性）ではH^+とOH^-は同数で

$$[H^+] = [OH^-] = 1 \times 10^{-7} \tag{10・4}$$

H^+の値が10^{-7}より大となるほど酸性が強く，10^{-7}より小さくなるほどアルカリ性が強い．

水素イオン濃度
pH（ペーハー）

この関係から溶液の酸性あるいは塩基性度を指示するのに水素イオン濃度$[H^+]$の方のみに着目してその常用対数の符号を変じたものを用い，水素イオン濃度をpH（ペーハー）として表わす．すなわち

$$-\log [H^+] = pH \tag{10・5}$$

たとえば中性溶液では$[H^+] = 10^{-7}$　したがって

$$pH = -\log [H^+] = 7$$

となる．

しかしpHの数値は温度によってアルカリ性か酸性かの領域は若干異なる．図10・6はpHと温度の関係を示す．

(c) 水中の不純物と硬度

(1) 不純物と性質

(i) 浮遊物，沈殿物　　植物の分解によるものや，細菌，微生物などの有機物と，泥土，粘土その他酸化鉄の微粒などの無機物がある．

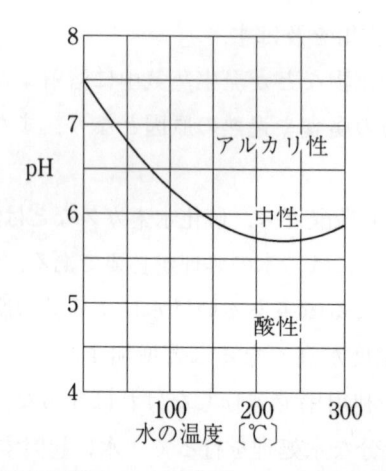

図 10·6 pHと温度との関係

溶解塩類　(ii) 溶解塩類　イオン化しているものと，けい酸塩のように一部コロイド状のものとがある．この塩類にはナトリウム塩，カルシウム塩，マグネシウム塩，けい酸塩，カリウム塩などがある．

溶解ガス　(iii) 溶解ガス　溶解ガスには炭酸ガス，酸素，そのほかのものがあるが，炭酸ガスは重炭酸をつくり，また水にとけて炭酸を生じH^+が増加して酸性になる．また酸素は炭酸ガスよりも腐食性が強い．

不純物量　(2) 不純物量の表示法　水中の不純物は無水酸化物の表示法が用いられ，その濃度の表わし方は溶媒(水)の一定量に対する溶質の量で示される．

ミリグラム・リットル　(i) ミリグラム・リットル〔mg/l〕　水1l中に含まれる不純物の重量をmgで表わした数で，ppm (parts per million) ともいい，100万分の1のことである．

グレン・ガロン　(ii) グレン・ガロン〔grs/gall〕　1ガロン (gallon) あたりの不純物の重量をグレーン (grain) で表わす方法である．

　　　　1グレーン＝0.0648〔g〕
　　　　1ガロン（英）＝4.5434〔l〕
　　　　1ガロン（米）＝3.7854〔l〕

水の硬度　(3) 水の硬度　水中にあるスケールやスラッジを生成する主成分であるカルシウムおよびマグネシウムの化合物の量を示すのに硬度を用いる（厳密には鉄およびアルミニウムの化合物も硬度に含まれる）．わが国では一般にドイツ硬度を使用する．

ドイツ硬度　これは含有カルシウム量を石灰 (CaO) に換算し，水100 cc中に石灰1 mg（すなわち1g/100 000 cc）の割合でカルシウム塩を含むものを硬度1度とする．マグネシウム塩は苦土 (MgO) に換算し，その量を1.4倍して石灰量に加算する．

一時硬度　硬度には一時硬度と永久硬度があり，一時硬度 (temporary hardness) はカルシウム
永久硬度　およびマグネシウムの重炭酸塩であって，煮沸すると沈殿して除去できる．永久硬度 (permanent hardness) は煮沸によって取除くことのできないカルシウム，マグネシウムの硫酸塩・塩化物・しょう酸塩およびけい酸塩などによる硬度をいう．一般にいう硬度は両者の和であり，全硬度ともいう．

(d) 不純物による影響

腐食　(1) 腐食　腐食 (corrosion) は水の性状・循環・温度・使用材質などに関係するためきわめて複雑であるが，この形式は表面状態の変化から全面的腐食および局部的腐食に大別される．

腐食の要因について述べると

10・3 ボイラ給水と処理

イオン化反応 | (i) イオン化反応による腐食　水はごくわずかであるが既述のように電離して，H^+が鉄と接触するとイオン化傾向の大きい鉄がH^+の電荷をうばってFe^{++}となって溶けこむ．Fe^{++}はOH^-と反応して水酸化第一鉄となり，さらに水中の酸素によって水酸化第二鉄となって沈殿する．すなわち次式のようになり腐食は進行する．

$$\left. \begin{array}{c} Fe+2H_2O \rightleftarrows Fe^{++} +2OH^- +H_2 \rightleftarrows Fe(OH)_2 +H_2 \\ \qquad\qquad\qquad\qquad\qquad \text{ガス} \qquad\qquad \text{ガス} \\ \downarrow \\ 2Fe(OH)_2 +\frac{1}{2}O_2 +H_2O \rightleftarrows 2Fe(OH)_3 \downarrow \\ \qquad\qquad\qquad\qquad\quad \text{赤褐色沈殿} \end{array} \right\} \quad (10\cdot 6)$$

電池作用 | (ii) 電池作用による腐食　金属体で電極電位を異にする部分や，二つの異金属体が接触して電解質溶液中に侵食されたときには，電極電位の低い方の金属が溶解し，電流は電極電位の高い金属から低い金属へ向って局部電池を構成して腐食する．

溶存ガス | (iii) 溶存ガスによる腐食
(1) 溶存酸素による影響　酸素自体は直接金属を腐食しないが，間接的に作用して腐食を促進する．
(2) 炭酸ガスによる腐食　水中に炭酸ガスを含むと炭酸（H_2CO_3）を生じ，鉄と反応して重炭酸鉄$Fe(HCO_3)_2$を生じ腐食する．また重炭酸鉄は熱によって分解され，CO_2を発生して水酸化鉄となる．

塩類 | (iv) 塩類による腐食　循環水には一般に各種の塩類が含まれることがあり，これによっても機器が腐食される．

高温蒸気 | (v) 高温蒸気による鉄の腐食　500℃以上の高温になると鉄は水蒸気に反応して四三酸化鉄と水素を発生するといわれている．
この反応が進行すると鉄は酸化されて腐食する．

か性ぜい化 | (2) か性ぜい化（causttic enbrittlement）　ボイラ胴板，びょう，管などのように応力を受けているところが濃厚なアルカリ溶液によってき裂を生ずる現象で，これはボイラ胴板や管などの接合部あるいはすき間などにボイラ水が浸透して局部的濃縮が行われ，かせいソーダの濃度が一定以上に高まるとOHがFeと作用して発生期の水素を発生し，これが鉄の内部に浸入して鉄をもろくすると考えられている．防止法としてはボイラ水中の$NaOH$の濃度を極力少なくすることである．図10・7はか性ぜい化の例を示す．

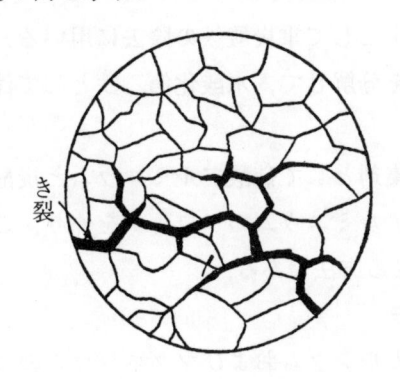

図10・7　か性ぜい化

(3) キャリオーバ　蒸気が水分を伴って蒸発する現象をいい，このとき水分とともに不純物が運ばれることが多い．またフォーミング（foaming）というのは蒸発水面に泡立ちが起きて水面をおおう現象で，プライミング（priming）は蒸発水面の水が泡立つ現象であって，キャリオーバ（carry over）はフォーミングとプライミングによって起り，これが起るとつぎのような障害が起る．

（i）蒸気温度の低下
（ii）不純物が過熱管に付着して局部過熱を起しやすい．
（iii）タービン翼，ノズル，および復水器系統にスケールが付着して出力，効率を低下させる．
（iv）弁の締切不完全を起しやすい．

またこれらの原因としてはつぎのようなものが考えられる．

（i）物理的原因　ボイラの構造（蒸気室容積の過小，ボイラ水面の過高），ボイラの操作（バルブの開閉，蒸発率の過大，蒸気圧力の急降下）などによって起る．

（ii）化学的原因　溶解塩類が濃縮されて一定量になると起るといわれている．さらに浮遊物が存在すれば濃度が一定量以下でも起るといわれている．そのほかに固形の浮遊物，動植物性の油脂類，そのほかの有機物もこれを助長する．

この防止策としてはボイラ外で給水処理を行ってできるだけソーダ塩類を少なくし，さらにろ過法によって有機物そのほかの浮遊物を除去する．

　(4) スケールおよびスラッジ　ボイラ水中に溶解しているカルシウムやマグネシウムの塩類がその溶解度をこえてスケールとなって管壁に付着すると，管の熱伝導を害するとともに管の過熱をひき起し，酸化，膨出および破裂などの事故を生ずる原因となる．

10・4　循環系統外処理

(a) 浮遊物・懸濁物および有機物の除去

　(1) 沈殿法　濁水を沈殿池に入れてある時間放置し，粗粒懸濁物を沈殿させる方法．

　(2) ろ過法　ろ過層を通して浮遊物および粗粒懸濁物を分ける方法であり，ろ過剤として普通砂および無煙炭が用いられる．

　(3) 気ばく法　主として重炭酸鉄の除去に用いる．これは水を十分空気と接触酸化させ，重炭酸鉄を分解して，水酸化第二鉄として沈殿させて除去する方法である．

　(4) 凝集法　凝集剤として硫酸アルミニウムと炭酸ソーダまたはかせいソーダを併用して，水酸化アルミニウムのフロックを作り，これに微粒子共雑塩類および有機物などを凝集させる方法である．

(b) 硬度成分の除去

水に溶存しているカルシウムおよびマグネシウムのような硬度成分を除去する方

法としてはソーダ法，石灰法，イオン交換法などがある．

ソーダ法　(1) ソーダ法　この方法のうちソーダ灰によるものはNa_2CO_3を加えて硫酸カルシウムおよび塩化カルシウムによる永久硬度を軟化して，$CaCO_3$沈殿として除く方法である．このほかにもNaOH法，$BaCO_3$法あるいは燐酸塩法などがある．

石灰法　(2) 石灰法　一時硬度の水に対しては石灰乳$Ca(OH)_2$を加えて処理することができる．

イオン交換法　(3) イオン交換法（ion exchange method）　現今の火力発電所においてさかんに使用されているイオン交換物質は，他の物質のイオンを交換することができる性質をもつ不溶，多孔性の固体で，これを利用して硬水を軟化する（イオン交換による場合は軟化のみにかぎらず，脱塩および脱けいも可能である）．

イオン交換剤　このイオン交換剤（ion exchange resin）の種類は非常に多いが，軟化の例をとると，水中に溶解している硬度成分のCaとMgをイオン交換剤のナトリウムと置換させる．

$$\left.\begin{array}{l} Na_2Z + Ca(HCO_3)_2 = CaZ + 2NaHCO_3 \\ Na_2Z + CaSO_4 = CaZ + Na_2SO_4 \end{array}\right\} \quad (10\cdot7)$$

交換能力がなくなれば食塩水によって再生できる．

$$\left.\begin{array}{l} Ca \\ Mg \end{array}\right\} Z + 2NaCl = Na_2Z + \left\{\begin{array}{l} CaCl_2 \\ MgCl_2 \end{array}\right. \quad (10\cdot8)$$

全塩類除去　(c) 全塩類の除去

高温高圧のボイラ給水は硬度以外に残留塩類をも除去する必要があるが，これにはつぎのような方法がある．

(1) 蒸発器による方法　例として蒸化器（evaporator）がある．

(2) イオン交換剤による方法　陽イオンおよび陰イオン交換樹脂を併用する方法で，スチロール系強酸性陽イオン交換樹脂と，強塩基性第4級アンモニウム塩形陰イオン交換樹脂を使用して処理する．

(3) 電気浄水法　電解槽に直流電圧を加えると，陽イオンは陰極に，陰イオンは陽極に向って集まり，中室に純粋な水が得られる．

(4) 脱けい酸法

(i) イオン交換剤を使用する方法　陽イオンおよび陰イオン交換剤を併用する方法である．

(ii) 電解脱けい　金属アルミを電極にして水の電解を行って生成した水酸化アルミフロックが濁度物質，けい酸を吸着する．電解槽，沈降分離槽，およびろ過器を必要とするが，脱けいのほかに除濁，除鉄も可能である．

溶解ガス除去　(d) 溶解ガスの除去

化学的方法について述べるとつぎのようなものがあげられる．

(1) イオン交換剤による方法　弱塩基性第3級アルミン形陰イオン銅塩を酸化還元形膨脂によって除去する．

(2) 鉄の錆化を利用する方法　鉄くずをろ過層として鉄にO_2を化合させる．

(3) 化学薬品を利用する方法

純水装置　(e) 純水装置

純水装置は原水中の塩類や遊離した酸，塩基などを全部除去し，蒸留水と同様な純水とする水処理装置で，現今では高圧ボイラ給水には必須の設備となっている．ことに溶存けい酸を完全に近い程度に除去することが可能であって，高圧ボイラ給水として理想的な水が得られるために，この装置が採用されている．採用するイオン交換樹脂としては必ず強塩基性アニオン交換樹脂を使用する．この装置には複床式と混床式の2種類がある．

|複床式純水装置|

純水装置においてはきわめて純度の高い水を取扱う関係上，装置の材質や構造および原水の除濁その他の前処理に十分な注意が必要である．複床式純水装置はイオン交換樹脂の種類の組合わせおよび脱炭酸塔などとの組合わせによって数種のものがあるが，代表的なものとしては2床形，2床3塔形，4床5塔形などがある．

|2床3塔形 純水装置|

(1) 2床3塔形純水装置　2床3塔形純水装置は純水装置の標準型ともいうべきもので，H形の陽イオン交換樹脂，脱炭酸塔，OH形の陰イオン交換樹脂から成っている．

通水状態においては図10・8(a)に示すようにH形樹脂によりCa，Mg等の陽イオンがすべてHに置き替えられ，原水の組成に対応する酸になる．この場合HCO_3は，OH形樹脂に負荷するより空気を吹込んでやるとCO_2と水に分解するので，OH形に対する負荷を少なくすることと，OH形樹脂塔内で，CO_2が発生して気泡となり，樹脂の機能を阻害することを防ぐために設けられる．OH形樹脂では，全陰イオンがすべてOHになるので，結局H_2Oになる．図10・8(b)はこのフローシートを示す．

|4床5塔形 純水装置|

(2) 4床5塔形純水装置　4床5塔形純水装置は，陽イオン交換樹脂と陰イオン交換樹脂をそれぞれ2塔に分割し，図10・9に示すようにH_1塔→脱ガス塔→OH_1塔→H_2塔→OH_2塔の順に配列した純水装置で，樹脂を前塔に多く後塔に少なく充填してある．イオン交換は，前項で述べたイオン交換樹脂の選択性の原理にしたがって行われる．この純水装置では最高級の純度の高い純水が得られる．

10・5　循環系統内処理

(a) 系統内処理の概要

系統内の処理の一例を図10・10に示す．

|系統内処理|

系統内処理としては，給水・復水系統およびボイラにおける鉄や銅の溶出を減少するためのpH調節，溶存酸素などの溶存ガスを除くための復水器，脱気器による物理的な脱気，さらに残留する溶存酸素を除去するためのヒドラジンまたは亜硫酸ソーダ（低圧ボイラの場合にのみ用いられる）の添加，復水器における冷却水の漏れ込みに基づく塩類などによるスケール防止のためのりん酸ソーダの添加がある．

ドラム形ボイラの場合には，給水中の不純物および二次水処理においてボイラ内に注入される薬品からなる溶解固形物は，ボイラの運転時間が増すにつれてボイラ内に蓄積され，また鉄や銅の酸化物などの懸濁固形物はスラッジとなって堆積する．また発生蒸気の純度が低下する．これらを防ぐために，ボイラ水濃度が基準値内に

|缶水ブロー|保たれるように，缶水ブローによって調整する．

10・5 循環系統内処理

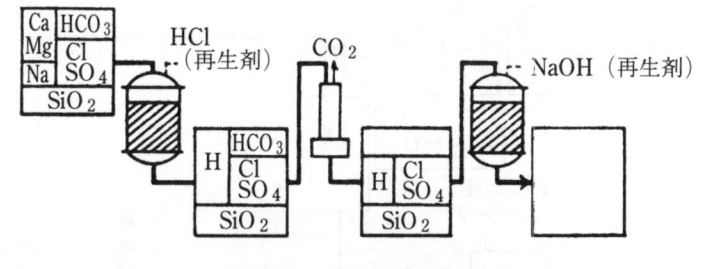

(a) 2床3塔形の原理概念図

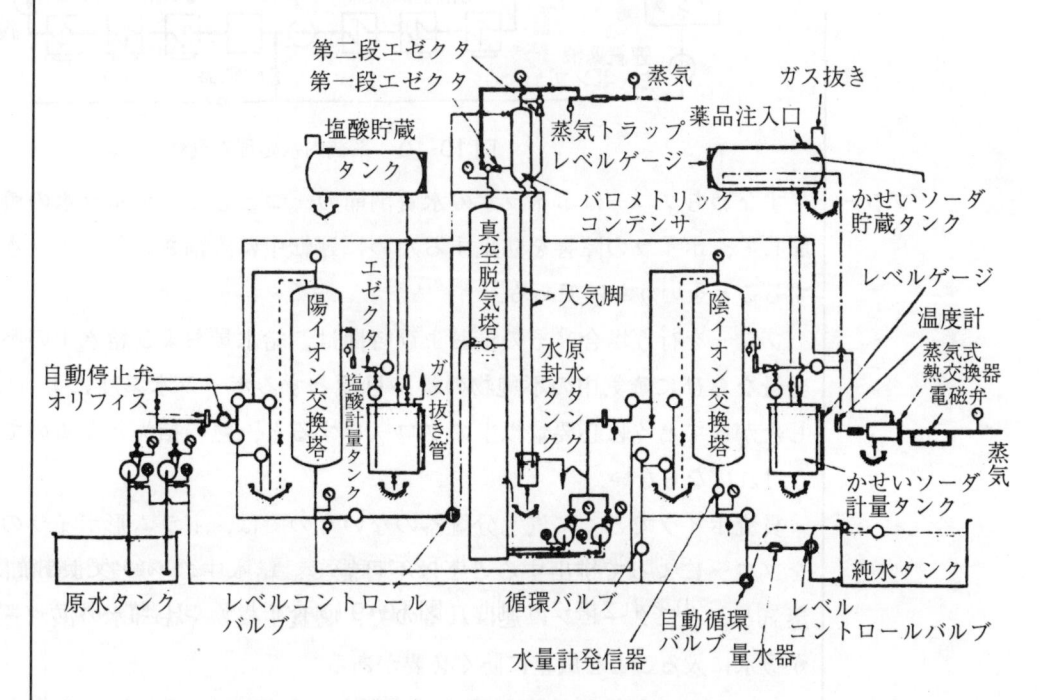

(b) 2床3塔形純水装置フローシート

図10・8　2床3塔形純水装置

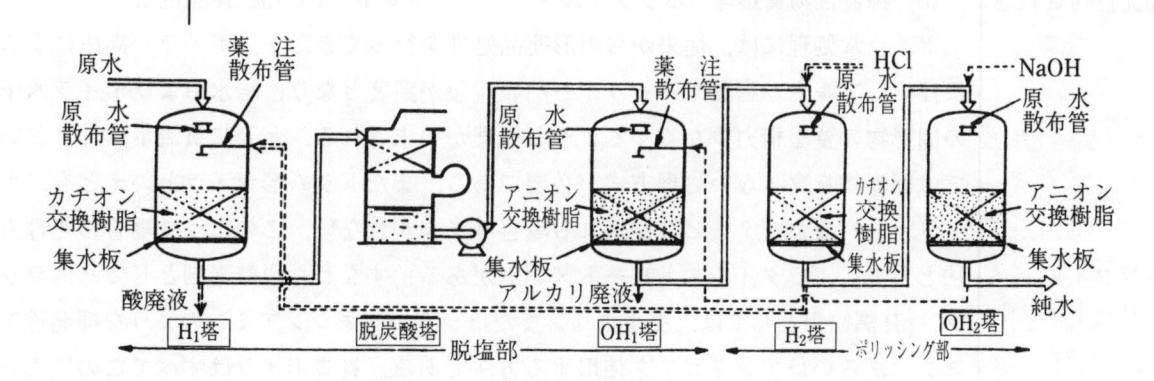

図10・9　4床5塔形純水装置フローシート

10　給水装置と給水

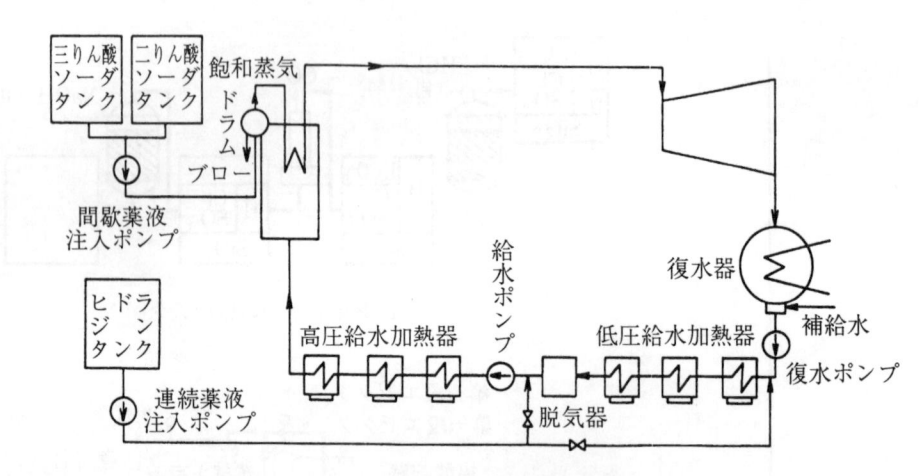

図10・10　系統内水処理の概略

ブロー　すなわちブローはボイラ水の水質調節の一つとして，ボイラ水の濃度を適切に調節して，ボイラの障害を防止するために運転中に濃縮されたボイラ水の一部を排出することをいうわけである．

ブローを行う場合，その量および時間は，給水量および給水中の不純物濃度と蒸発量ならびに蒸気中の不純物の量，目標とするボイラ水濃度によって決定される．したがってとくに必要量以上のブローをすると，熱の損失となるので，十分考慮しなければならない．

貫流ボイラでとくに汽水分離器のないものでは，ドラム形ボイラのように不純物をブローによって排出することは不可能で，給水中の不純物は管壁に付着するか，蒸気とともにタービンに運ばれるので，腐食生成物や冷却水の漏れ込みにより塩類が復水に入ることを厳重に防ぐ必要がある．

したがって一般に貫流ボイラでは復水の全部を10・7で述べる復水脱塩装置に導き，不純物を除く方式が用いられる．

揮発性物質処理　**(b) 揮発性物質処理（ボラタイル・トリートメント（volatile treatment））**

ボイラ水処理には，従来から固形薬品処理を行ってきたが，ボイラが高圧になるに伴い，アルカリ腐食やキャリオーバの現象が顕著となり，給水およびボイラ水中の固形物の量を極力少なくするような処理が要求される．とくに貫流ボイラにおいては固形物を含まない処理方式が必要である．またドラム形ボイラといえども，キャリオーバなどでタービンが汚れる障害はまぬがれない．このような場合の処理方法として，ボラタイル・トリートメントがある．すなわち脱酸素剤としてヒドラジン，pH調節用としては，モルホリンまたはシクロヘキシンアミンのような揮発性アミン，あるいはアンモニアを使用する方法である．貫流ボイラはすべてこの処理方法が採用される．しかしこの方法は，復水器の冷却用海水の漏れによる不純物に対しては無防備であり，薬品注入量を誤ると銅合金材料の腐食を起すなどの危険性をもっているので，復水器の監視，水質管理には細心の注意を要するものである．

(c) 薬液注入装置

水質に起因する配管腐食やスケール生成の原因は，大きく分けてpH値・溶存酸素およびMg等の不純物である．薬液注入装置は，これらを適正な基準値に維持するため，給水処理用として，アンモニア・ヒドラジン，ボイラ水用として，りん酸ソーダを注入する装置である．

給水処理用の薬液原液タンク・薬液溶解タンク・薬液計量槽および薬液注入ポンプが図10・11(a)に示すように構成されている．(b)図は薬液注入装置の例を示す．

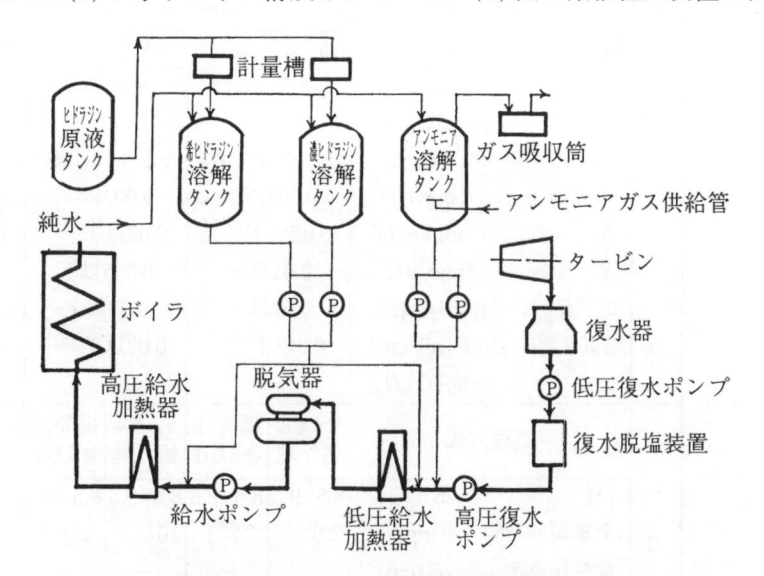

(a) 薬液注入装置フローシートの例（貫流ボイラ）

(b) 薬液注入装置

図10・11

10・6　ボイラ水の標準値

既述したようにボイラ水に不純物が含まれた場合，いろいろな障害をボイラに与え，高圧高温になるほどこれが大きい．したがって火力発電所においてはボイラの給水およびボイラ水に対して標準値を目標として管理をしている．この標準値としてJISの値があるが，表10・1にこれを示す．

表10·1 ボイラの給水およびボイラ水の水質（JIS B8223）

区分	ボイラの種類		循環ボイラ		貫流ボイラ	
	最高使用圧力 〔kgf/cm²〕		125を超え150以下	150を超え200以下	150を超え200以下	200を超えるもの
給水	pH	25〔℃〕	8.5～9.5 [3]	8.5～9.5 [3]	8.5～9.5 [3]	9.0～9.5
	硬度	〔mgCaCO₃/l〕	0	0	—	—
	油脂類 [1]	〔mg/l〕	なるべく0に保つ	なるべく0に保つ	—	—
	溶存酸素	〔mgO/l〕	0.007以下	0.007以下	0.007以下	0.007以下
	全鉄	〔mgFe/l〕	0.02以下 [4]	0.02以下 [4]	0.02以下 [4]	0.01以下
	全銅	〔mgCu/l〕	0.01以下	0.005以下	0.003以下	0.002以下
	ヒドラジン	〔mgN₂H₄/l〕	0.01以上	0.01以上	0.01以上	0.01以上
	電気伝導率 25〔℃, μS/cm〕		0.3以下 [5]	0.03以下 [5]	0.3以下 [5]	0.25以下 [5]
	シリカ	〔mgSiO₂/l〕	—	—	0.02以下	0.02以下
ボイラ水	処理方式		りん酸塩処理	揮発性物質処理	りん酸塩処理	揮発性物質処理
	pH	25〔℃〕	8.5～9.5	8.5～9.5	8.5～9.5	8.5～9.5
	全蒸発残留物	〔mg/l〕	20以下	3以下	10以下	2以下
	電気伝導率	〔μS/cm〕	—	—	—	—
	塩化物イオン	〔mgCl⁻/l〕	—	—	—	—
	りん酸イオン [2]	〔mgPO₄³⁻/l〕	0.5～3	[6]	0.5～3	[6]
	ヒドラジン	〔mgN₂H₄/l〕	—	—	—	—
	シリカ	〔mgSiO₂/l〕	0.3以下		0.2以下	

（注）
1. ヘキサン抽出物質をいう．
2. りん酸塩を注入する場合に適用する．
3. 高圧給水加熱器の管材が鋼管の場合はpH高めに調節することが望ましい．
4. 0.01mgFe/l以下に保つことが望ましい．
5. 検水を水素形強酸性陽イオン交換樹脂に通して測定する．
6. 復水器から海水もれがある場合、必要量のりん酸塩を注入する．

10·7　復水脱塩装置

復水　復水は一種の蒸留水であるが，復水器に流入する蒸気，ドレン，補給水の中に含まれている不純物とか，復水器や系統内部の腐食生成物（鉄，銅などの金属酸化物）を含んでいる．また冷却管の漏れのため，冷却水（海水を使用している場合が多い）が混入される場合もある．これらの不純物は，ドラムをもつボイラにあっては缶水のブローにより系統外に排出することが可能であるが，貫流ボイラではこの濃縮ブローができないため，給水中に存在するわずかな固形物でも系統に蓄積する．このため常に給水中の固形物を強制的に除去しなければならない．この除去方法としてはろ過およびイオン交換による方法しかなく，これを復水脱塩装置（condensate demineralizer）という．

復水脱塩装置　すなわち復水脱塩装置は系統内で給水を連続的に処理するもので，人体の腎臓と同じ役割を果たすものである．設置箇所は給水系統が効果的であるが，高温，高圧であるため，技術的に不可能に近い．このため，あえて低温・低圧の復水系統に設置しているわけである．

復水脱塩装置は，復水の全量をつねに処理する場合と，つねに復水の一部を処理

-54-

10·7 復水脱塩装置

し，危急時に復水の全量を処理する場合の二つがある．

また復水脱塩装置は，通常，前置ろ過器，脱塩塔，後置ろ過器とから成っている．

前置ろ過器　**(a) 前置ろ過器**

名前のとおり脱塩塔の前に設置したろ過器で，系統中の腐食生成物などの懸濁物の除去には欠くことのできないものである．したがって脱塩塔の樹脂の汚染ならびに圧力損失増大の防止に役立っている．ろ過器はいずれもプレコート形で，ろ過エレメントにろ過助剤を密着させて，ろ過膜を形成し，通水ろ過するものである．サイクルの終了はろ過器の差圧計によって確認したのち，ろ過膜を洗浄排出し再び新しいろ過膜を形成させる．したがって，ろ過エレメントはろ過膜の支持機構にすぎず，ろ過エレメントの形状によって葉状形と円筒形に区分される．

脱塩塔　**(b) 脱塩塔**

一般の混床式に類似しているが，イオン交換樹脂量の決定は復水器の漏れによるイオン量を含む負荷イオン量と，高流速時における貫流交換容量利用率と，圧力損失および連続運転必要時間などを考慮して決定する必要がある．なお再生方式は，

塔内再生　塔内再生方式（同一の樹脂塔内で再生をする通常の方式）と，塔外再生方式とがあり，最近では一般に後者が採用されている．

塔外再生　塔外再生方式とは，採水塔の数より余分に樹脂を保有し，系統運転中に予備の樹脂を系統外で再生し，順次交互に再生塔に樹脂を移送して再生を行う．この形のものはつぎのような特長がある．

(1) 再生薬品や空気が復水系統に混入しない．
(2) 系統の停止時間が短縮できる．
(3) 再生塔をもつため効率よく運転再生ができる．また圧力低下が少ない．
(4) 復水系統は高圧設計が可能となる．
(5) 粉化樹脂の分離，補充などが容易である．

欠点としては，

(1) 再生設備が故障すれば，全系統の再生ができない．
(2) 樹脂の損耗が大きい．
(3) 設備費が高くつく．

後置ろ過器　**(c) 後置ろ過器**

レジントラップ　俗にレジントラップ（resin trap）と称されるものである．脱塩塔のイオン交換樹脂はもともと微細なものも含まれているが，浸透圧によるショックや再生時，移送時に粉化することもあり，これらが給水中に送入されるのを防止するために脱塩塔出口に設けられる．形式としてはセルローズファイバ，あるいは多孔性樹脂のエレメントを備えたカートリッジ形のもの，コイル形ろ筒，およびステンレス金網を使用したストレーナ形のものとがある．

復水脱塩装置は，ボイラ始動時の運転条件，たとえば始動時のドレンをどこへ回収するか，または排水するか，あるいは運転中の復水やドレンの処理，補給水の注入箇所などで設計が異なるが，大別して2方式となる．

(1) 正常運転中は復水の25～50％を脱塩装置に通し，それを復水器に再循環させる方式
(2) 復水の全量をつねに処理し，脱塩装置を出た復水は，直接給水管系へ流し再

10 給水装置と給水

循環させない方式

　図10・12および図10・13はこれを示す．また図10・14は復水脱塩装置の一例を示す．

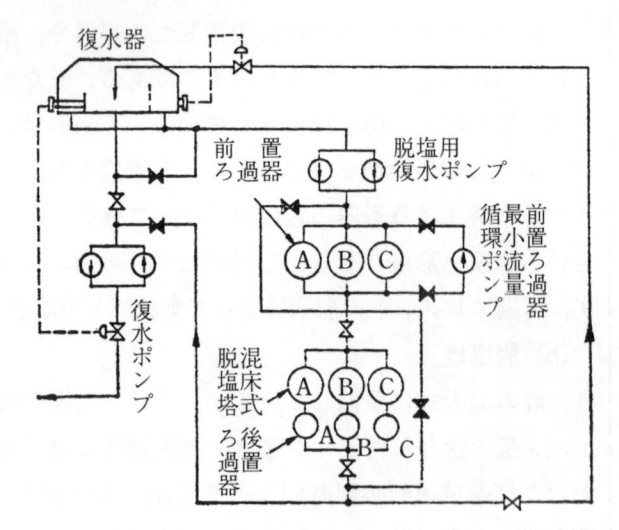

図10・12　再循環させる場合の脱塩系統図

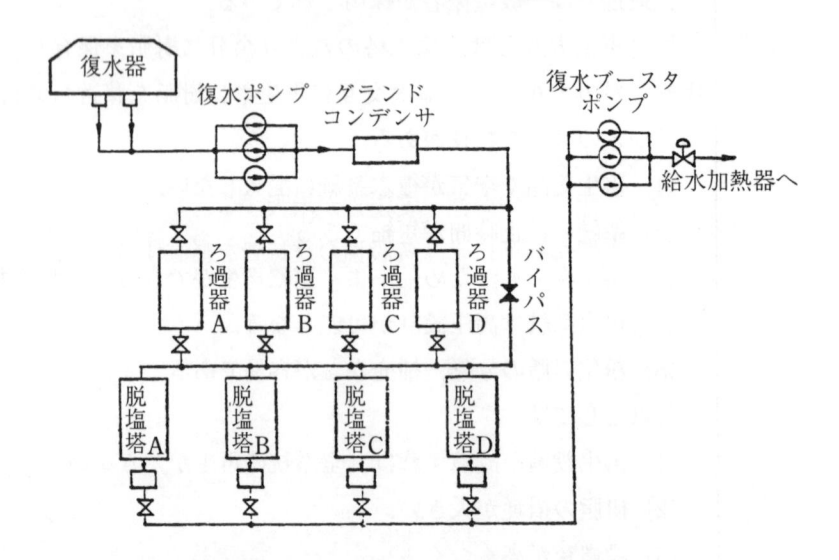

図10・13　再循環させない場合の脱塩系統図

図10・14　復水脱塩装置

11 ボイラ自動制御・計測と保安装置

11・1 自動制御の必要性

ACC　ボイラの制御はかつてはACC（Automatic Combustion Control）と呼ばれる燃焼の制御を主として行う方式が採用されていたが、昨今はこれに加えて蒸気温度，給水などの制御を有機的に結合してボイラ全体の総合性能を制御するようにしている．
ABC　そしてこれを一般にABC（Automatic Boiler Control）と称している．また最近の火力発電所では中央制御方式が採用され，ボイラ・タービン・発電機および補機まで含めて1箇所で制御する方式が実施されている．

このように自動制御装置の採用による利益は，つぎのような諸点があげられる．
(1) 複雑多岐にわたる制御操作が迅速確実に行われることにより効率が向上し，多量の燃料が節約できる．
(2) 各設備の安全性・安定性が増大する．
(3) 適切な制御により各設備の維持費を軽減することができる．
(4) 良質な電気の供給ができる．
(5) 人件費の節約ができる．

11・2 自動制御の概念

自動制御系　**(a) 自動制御系の構成**
自動制御系の基本的な動作信号伝達経路を示すと図11・1に示すとおりであって，各要素は設定部・調節部・操作部・検出部・制御対象・フィードバック要素などからなる．

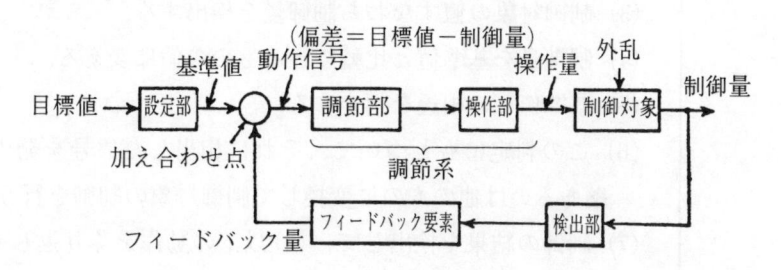

図11・1　ブロック線図

-3設定部　(1) 設定部　制御しようとする希望の値，すなわち目標値あるいは設定値を検

11 ボイラ自動制御・計測と保安装置

出信号と同種類の物理量にして自動制御系の基準入力信号をつくりだす部分.

調節部　(2) 調節部　設定部でつくりだした目標値とフィードバックされた検出信号との偏差によって，つぎの操作部へ送出す操作信号をつくる部分で，自動機構を支配する部分.

操作部　(3) 操作部　制御動作を行う部分で，電気・空気・蒸気・油などの圧力流体を利用して，調節部からの操作信号を増幅して制御対象に対して制御動作を行う部分.

検出部　(4) 検出部　制御対象でつくりだされた制御量を検出する部分で，指示計器と同じ原理のものもあるが，指示は直接必要ではなく，変化を感じとることに重点がおかれる.

また検出部でつくり出された検出信号はフィードバック（feed back）されて，設定部からの基準入力と比較させる.

フィードバック要素　(5) フィードバック要素　基準値と比較するため制御をそれと一定の関係にある値に変換させる機構.

(b) 自動制御に関する用語

図11・1に示された各用語をごく簡単に説明する.

(1) 外乱；　制御系の状態を変えようとする外的作用
(2) 制御量；　計測され調節される制御対象の量
(3) フィードバック量；　フィードバック要素からの信号量
(4) 目標値；　設定値と同意語
(5) 偏差；　目標値と制御量の差
(6) 基準値；　目標値に対する値で制御系を動作させる基準となる信号
(7) 動作信号；　基準値とフィードバック量との差で調節部に加えられ，この信号にもとづいて制御動作を起すための信号で，これは偏差に比例する.
(8) 操作量；　制御装置が制御対象に与える量で制御量を支配するための信号
(9) ブロック線図；　自動制御系において，信号がどのような経路を通って伝達され，また個々の伝達要素がどのような特性をもっているかということを総括的に図示したもの.

(c) 自動制御系の動作

一般的な自動制御系における動作を説明すると，

(1) 調節しようとする対象の目標値をきめる.
(2) 必要に応じ目標値を適当な量，たとえば空気の圧力，あるいは適当な電気量などの基準値に変える.
(3) 制御対象の値すなわち制御量を検出する.
(4) 制御量を基準値と比較できるものの値に変える.
(5) 基準値との相違を判定する.
(6) この判定にもとづいて，それに相当した信号を発生し，この信号を増幅，中継あるいは他のものに変換して制御対象の制御を行う.
(7) 制御の結果を検出して，(3)以下の動作をくり返して，制御量が目標値と一致するまでこれを続ける.

(d) 制御方式の分類

目標値　(1) 目標値からの分類

(イ) 定値制御；目標値が一定の自動制御
(ロ) 追値制御；目標値が変化する自動制御で，つぎのような種類がある．
  (i) 追従制御
  (ii) 比率制御
  (iii) プログラム制御（目標値があらかじめ定められたプログラムによって時間的変化をする場合の追値制御）

制御動作

(2) 制御動作からの分類

(イ) 連続動作；制御動作が連続的に行われるもので，つぎのようなものがある．
  (i) 比例動作（P動作）
  (ii) 積分動作（I動作）
  (iii) 微分動作（D動作）
  (iv) 重合動作（PI，PD，PID動作）

(ロ) 不連続動作；制御動作が不連続的に行われるもの．
  (1) 二位置動作（on off 動作）
  (2) 多位置動作

比例動作

(3) 比例動作（proportional action）（図11・2(a)） P動作ともいい，動作信号が与えられている間は制御装置が偏差に比例する操作量を制御対象に供給し，この偏差が零になるように連続した動作をする．図11・2において$x=$動作信号，$y=$操作量とすると

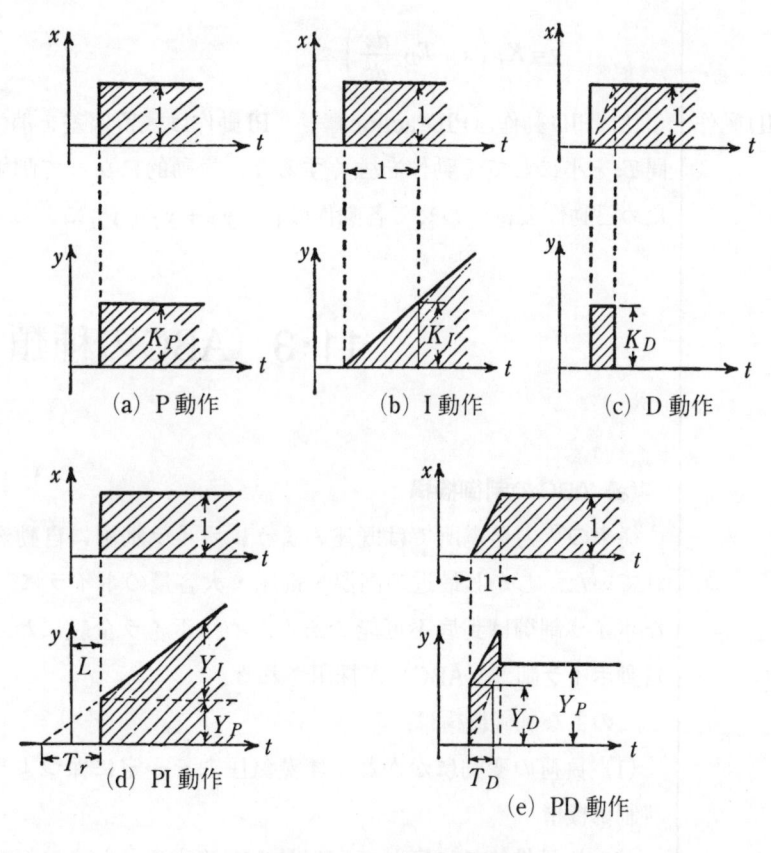

図11・2 連続動作の種類

$$y = K_P \cdot x \tag{11・1}$$

このK_Pを制御装置の伝達関数（transfer function）という．

11 ボイラ自動制御・計測と保安装置

積分動作 (4) 積分動作 (integral action, reset action)（図 11·2 (b)）　(3)の比例動作では連続的な外乱に対しては，定常状態で目標値と制御量が一致せず，残留偏差（オフセット off set）を生ずる欠点がある．しかしこの積分動作では，調節器の出力信号が偏差の時間積分に比例するため，この欠点が除かれる．またこれはI動作ともいい，操作速度が偏差に比例するので，比例速度動作ともいう．K_Iを比例定数とすると，次式の特性をもっている．

比例速度動作

$$y = K_I \int x\, dt \qquad (11·2)$$

微分動作 (5) 微分動作 (D動作, rate action, derivative action)（図 11·2 (c)）　動作信号の生じる変化率に応じて操作量を制御対象に送って偏差が大きくなりそうな場合に，これをある大きさに修正するような動作でD動作ともいう．

D動作

$$y = K_D \frac{dx}{dt} \qquad (11·3)$$

PI動作 (6) PI動作 (PI action)（図 11·2 (d)）　P動作にI動作を併用したものである．

$$y = K_P \left(x + \frac{1}{T_r} \int x\, dt \right) \qquad (11·4)$$

ただし，T_rは積分時間，$1/T_r$はリセット率と呼ばれる．P動作にI動作を併用すると残留偏差を消すことができる．

PD動作 (7) PD動作 (PD action)（図 11·2 (e)）　P動作とD動作の併用で

$$y = K_P \left(x + T_D \frac{dx}{dt} \right) \qquad (11·5)$$

PID動作 (8) PID動作 (PID action)　PI動作は残留偏差を消すことができるが，積分時間T_rを小にしてI動作を強くすると，振動的になって制御系が不安定になる．このため三動作を組合わせて各動作の和，$y_P + y_I + y_D$によって安定な制御をさせる．

11·3　ABCの種類

(a) ABCの制御機構

従来の火力発電所では既述のようにボイラ制御に自動燃焼制御（ACC）が採用されていた．しかし最近の高温・高圧・大容量のボイラにおいてはACCのみでは完全なボイラ制御は到底不可能であるため，ボイラ全般にわたって自動制御を行わせる自動ボイラ制御（ABC）が採用される．

この主な制御機構は，

(1) 負荷の変動にかかわらず蒸気圧力を一定に保つよう燃料供給量を調節する燃料制御機構

(2) 燃料供給量に応じて空気量を調節するとともに炉内圧を一定に保つ燃焼制御機構

(3) 負荷の変動により給水量を調節し，ボイラ胴水位を一定に保つ給水制御機構

(4) 負荷の変動により蒸気温度も変化するが，これに応じて温度調節装置を働か

せて規定蒸気温度に保つ温度制御機構

(5) その他ミル温度, 重油温度などの制御機構

ACC　以上のうち(1)と(2)の両者を合わせたものがACCである.

(b) ABCの種類

ABC　ABCを装置の動力体によって分類すると, 電気式・電子式・空気式・DDCなどになる. これらの比較を表11·1に示す. 現在では電子式が主流を占めている.

表 11·1　ABCの方式別比較

	空気式	電気式	電子式	DDC
演算素子	ベローズ		トランジスタ	(CPU)
	ダイヤフラム	R, C	R, C	
	ノズルフラッパ	ブリッジ	アナログIC	
		ポテンショメータ	ロジックIC	
	パイロット機構	モータ	電磁リレー	
	ボリューム・タンク	セルシン		
	絞り	電磁石		
		電磁リレー		
		マグアンプ		
信　号	空気圧	交流/直流	直　流	—
操作動力源	空　気	交流/直流	交流/直流	交流/直流
機能/容積比	小	小	大	大
操 作 性	劣	劣	優	優
応 答 性	劣	劣	優	優
保 守 性	日常的	日常的	臨　時	臨　時
オペレータ・インタフェース	簡　略	簡　略	高　度	より高度
コンピュータ・インタフェース	困　難	困　難	容　易	—

電気式ABC　(1) 電気式ABC　電気式は装置が小形で配管工事が不要で, 制御盤内も比較的整然とすることができ, しかも修理・改造を行うことができる.

この方式では検出部からの検出量に応じた極性または大きさの制御電流を流し, これによって所要操作を行うが, 図11·3はこの簡単な一例を示す.

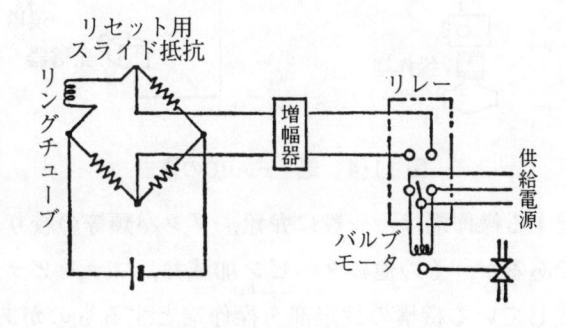

図 11·3　電気式制御装置の例

この方式では距離の制限を受けることはないが, その反面安定性, 速応性の点では不利がある. それは電気の伝達そのものは瞬間的であるが, 操作部の機構の性質上, 速応性, 安定性に欠ける場合が多いからである. 操作部として電動機を使用する場合でも, 高速回転部の慣性のため安定性にとぼしく, 乱調を起しやすいので, 階段状動作や遅延動作, 補償動作などの調節装置を必要とする. また電動機は広範囲にわたって速度を変更することが容易でなく, 微速運動になるほど操作力の弱くなる欠点がある.

11 ボイラ自動制御・計測と保安装置

空気圧式ABC

(2) 空気圧式ABC　この式は少々の空気もれでは実際上ほとんど制御に影響しないこと，パイロット弁またはフラッパによってトルク拡大も容易であることや，ダイヤフラムまたはベローズの簡単な組合わせによるリレーにより，積分，微分の動作やあるいは加算・平均・引算・総合などの多種動作を容易に行い得ること，および操作部は無理がきき，さらに全般的に調整が容易であるなどの長所をもっている．短所としては空気圧縮機，アフタ・クーラ，空気ろ過器および減圧弁などの制御用空気調整装置を必要とし，さらに配管はさびの発生を防ぐために銅または真ちゅう管を必要とするなど，比較的多額の設備を要する．しかし取扱いの容易なことや，その他種々の利点を高く評価され多く使用されている．

電子式ABC

(3) 電子式ABC　現在主流となっている電子式の場合の構成を図11・4に示す．演算部は，システムキャビネットと呼ばれる列盤式の筐体に収納された一群のモジュールまたはカードで構成される．このシステムキャビネットは，中央制御室付近の空調された部屋に他の制御装置類とともに設置される．プロセス側の圧力，流量等を測定伝送する発信器類は，現場に設置されケーブルによりシステムキャビネットまで配線される．発信器類の基本的な構造は検出エレメントと電子装置の組合わせである．

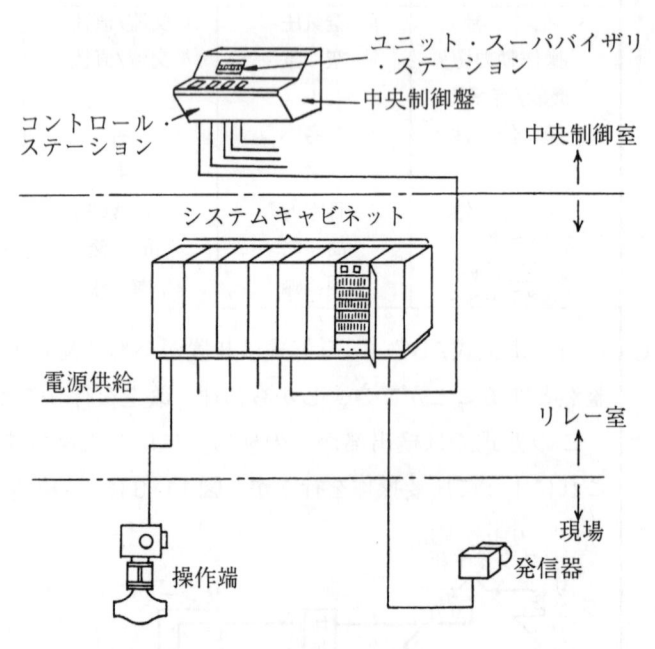

図11・4　電子式ABCの構成

　各操作量を加減する操作端は，一般に弁類，ダンパ類等の絞りあるいは開閉機構が代表的なものであるが，その他にタービン加減弁，ファンピッチ制御等それ自体が閉ループを構成している機構の設定部を操作端とするものがある．操作端には，電動機あるいは空気シリンダ，ダイヤフラムが駆動部として用いられることが多いが，電子油圧式タービンガバナのように，電子回路の設定値を電子的に操作するケースもある．これらの駆動部は，多くの場合ドライブユニットあるいはアクチュエータと呼ばれるパッケージになっており，減速機構や直線運動への変換機構，リミットおよび開度の検出伝送機構が組込まれる．中央制御盤には，運転員用の操作，監視端末として制御用ステーションが配置されており，システムキャビネットとプレハブケーブルで接続される．

(c) ABCの役割

ボイラ自動制御装置（ABC）は，発電機出力に対応した量の蒸気を所定の蒸気条件に保ちながら発生，供給するものである．制御量としては，発電機出力，主蒸気圧力，主蒸気温度，再熱蒸気温度，排ガスO_2濃度，ドラム水位等がある．これらの制御量を要求値に合致させるために，ABCは主要なボイラ入力すなわち給水流量，燃料流量，空気流量（ボイラ・タービン協調制御の場合はさらにタービン加減弁開度）を操作量として制御を行うほか，スプレー流量，ガス再循環量等をも操作対象としている．またこれらの基本機能に加えて，貫流ボイラの場合は始動バイパス系統や給水ポンプの再循環系統等の制御機能を含める場合がある．

ボイラの制御特性は，一般にドラム形ボイラと貫流形ボイラとでは大きく異なるため，制御装置の構成も各々の特性に適したものが採用されている．以下，ドラム形ボイラと貫流形ボイラの制御方式の概略について説明する．

11·4　ドラム形ボイラのABC

ドラム形ボイラは，大きな熱エネルギーおよび流体量を保有するドラムによって，緩衝作用をもっているので，燃焼制御，給水制御および蒸気温度制御間の相互干渉は比較的小さく，上記の三つの制御系を分離して制御することができる．**図11·5**にドラム形ボイラの基本的な制御回路を示す．

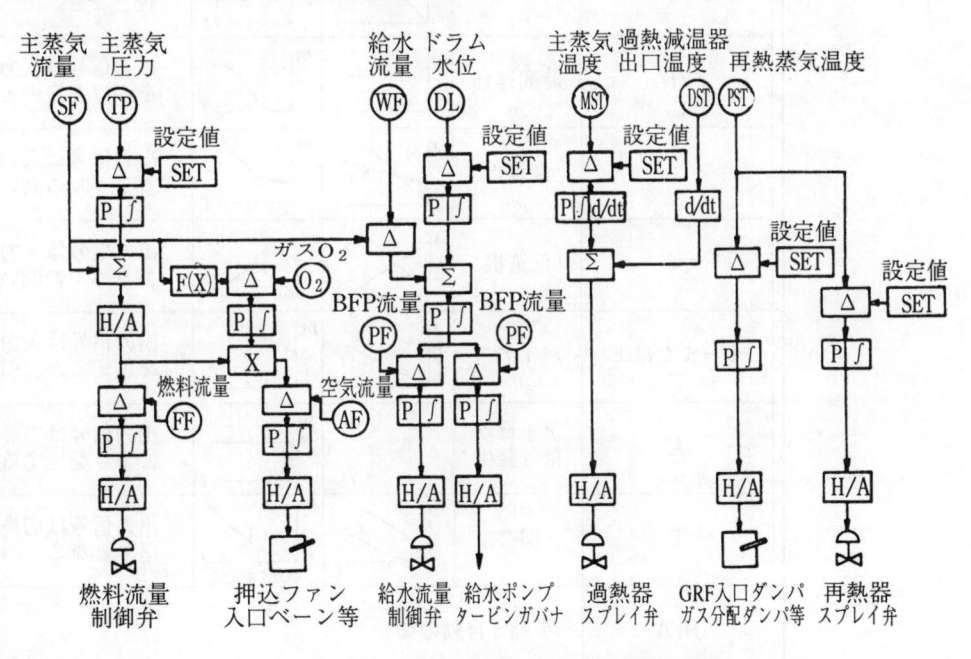

図11·5　ドラム形ボイラのABC制御回路

演算記号　図11·5に示されている演算記号は**表11·2**を参照するとよい．

11 ボイラ自動制御・計測と保安装置

表11・2 演算記号

演算記号	演算内容			説明
	演算	入力信号	出力信号	
Σ	和	x_1, x_2	m	出力信号は入力信号の代数総和となる.
Σ/n	平均	x_1, x_2, x_3	m	出力信号は入力信号の相加平均となる.
Δ	差	x_1, x_2	m	出力信号は入力信号の差となる.
K または P	比例	x	m	出力信号は入力信号に比例定数をかけたものとなる.
∫ または I	積分	x	m	出力信号は入力信号を時間積分したものとなる.
d/dt または D	微分	x	m	出力信号は入力信号の変化率になる.
×	積	x_1, x_2	m	出力信号は入力信号を互いにかけ合わせたものとなる.
√	開平	x	m	出力信号は入力信号の平方根となる.
$f(x)$	関数	x	m	出力信号は入力信号の非線形関数となる.
$f(t)$	時間遅れ	x	m	出力信号は入力信号に時間関数をかけたものとなる.
>	高選択	x_1, x_2	m	出力信号は入力信号のうちの一番レベルの高いものとなる.
<	低選択	x_1, x_2	m	出力信号は入力信号のうちの一番レベルの低いものとなる.
＋− または ±	バイアス	x, b	m	出力信号は入力信号に任意定数を加えるか、引いたものとなる.
A	アナログ信号発生		m, A	出力信号はアナログ信号発生器により発生する信号となる.
T	切換	x_1, x_2	m 状態1 状態2	出力信号は切換器で選択された信号となる.
H/A	手動と自動の切替			

燃焼制御

(a) 燃焼制御(ACC:Automatic Combustion Control)

ドラム形ボイラは,ドラムによるエネルギー保有量が大きく,負荷変化に対し急激な蒸気条件の変化がないので,タービン発電機側で出力が決定され(通常出力制御機能はALRとして,ABCとは独立して設置される),ボイラ負荷がそれに追従する「ボイラ追従方式」で制御されるのが普通である.したがって,負荷に応じた燃料と

空気の供給および燃料−空気間の適当な比率の制御が，燃焼制御の主な機能である．

いま負荷が増加した場合を考えると，ボイラのエネルギー保有量は正常レベルより下がるので，主蒸気圧力は設定値より低下する．この偏差は「比例＋積分動作」を与えられ，主蒸気圧力修正信号となり，主蒸気圧力が設定値に一致するよう動作する．一方，負荷変化は直ちに主蒸気流量の変化となって現れるため，これは主蒸気圧力変化の予知信号として有効であり，多くの場合この主蒸気流量信号と上記主蒸気圧力修正信号とを合成して「マスター信号」とし，燃料流量と空気流量を制御する．

マスター信号| マスター信号は燃料流量測定信号と比較され，その偏差は「比例＋積分動作」を与えられ燃料流量制御弁を動作させることにより，燃料流量を制御する．またマスター信号は，各負荷に対する最適な過剰空気率を得るための補正が加えられて，空気流量要求信号となる．そして空気流量測定信号と比較し，「比例＋積分動作」を与えられ，押込通風機（FDF）入口ベーン等を動作させることにより空気流量を制御する．図11・6はこの系統例を示す．

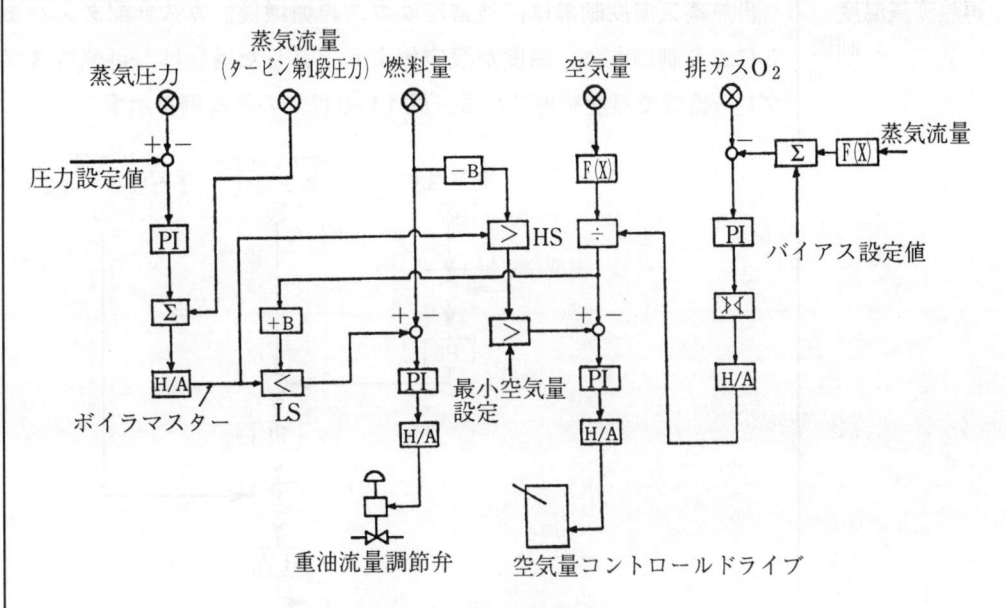

図11・6 燃焼制御系統例

給水制御　　(b) 給水制御（FWC : Feedwater Control）

ドラム水位　ドラム水位は，ドラムへの入力である給水流量と，出力である蒸気流量のバランスにより保持されるため，蒸気流量と給水流量の偏差に「比例＋積分動作」が与えられ，蒸気流量と等しくなるように給水流量が制御される．

しかし，これだけではドラム水位の位置を定めることはできないため，ドラム水位と設定値の偏差にも「比例＋積分動作」が与えられ，前述の蒸気流量と給水流量のバランスをはかる信号と合成され，給水流量を制御することになる．蒸気流量，給水流量，ドラム水位の三つの測定要素により制御されるこの方式を一般に，「3要素制御」と呼んでいる．図11・7はこの系統例を示す．

蒸気温度制御　(c) 蒸気温度制御（Steam Temperature Control）

主蒸気温度　主蒸気温度は設定値と比較され，偏差が「比例＋積分（＋微分）」動作を与えられ，過熱器スプレー弁を動作させることによりスプレー流量を制御する．過熱減温器（スプレー注入点）出口の蒸気温度変化は，主蒸気温度変化の予知信号として有効であ

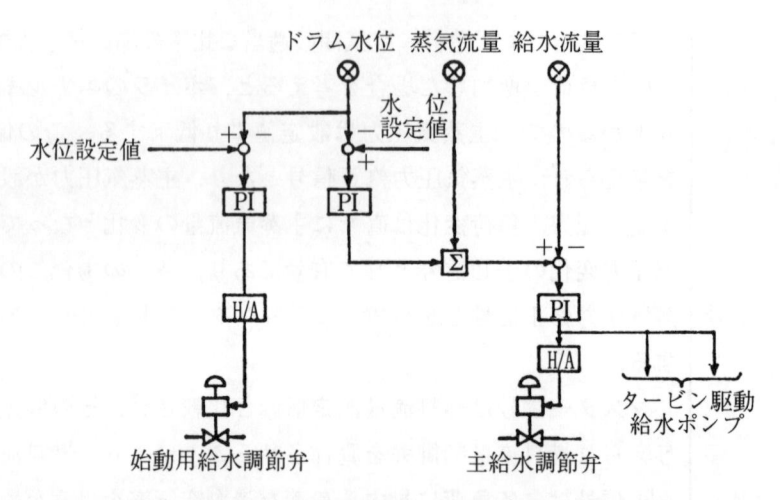

図11・7 3要素式給水制御系統例

るため，この変化に微分動作が与えられ，スプレー弁開度要求信号に合成され，早期にスプレー流量を制御させる場合が多い．

再熱蒸気温度制御　　再熱蒸気温度制御は，通常時はガス再循環量，ガス分配ダンパまたはバーナチルトにより制御され，温度が設定値より上昇した場合は，再熱器スプレー弁によるスプレー流量で温度制御される．図11・8はこの系統例を示す．

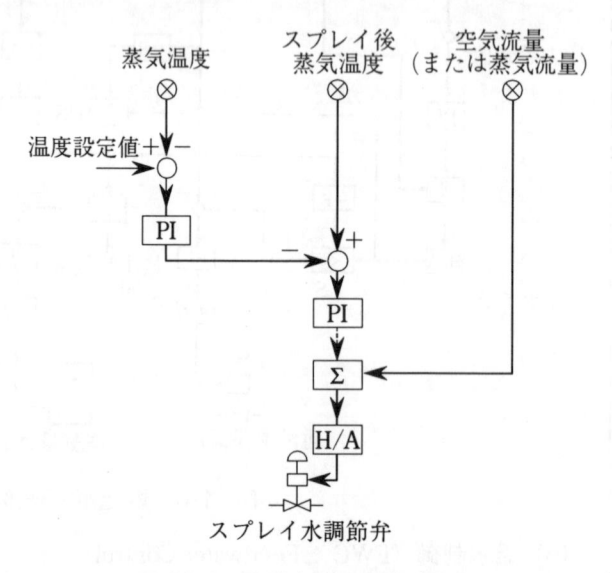

図11・8 主蒸気温度制御系統例

ボイラサブループ制御

(d) ボイラサブループ制御

(1) 燃料流量制御系　　前述した燃料要求指令を受けて，燃料供給用操作端を動作させる制御系が燃料サブループ制御系で，ボイラサブループ制御のうち，重要なものの一つである．

燃料流量制御系　　油やガスの流量制御は燃料供給母管に設置される流量計により検出された燃料流量とボイラ制御装置で作成された燃料要求指令が比較され流量調整弁により制御される．

石炭だきボイラの燃料制御は給炭機の回転数によって行われ，石炭量がミルの上限または下限に達すれば，順次ミルを始動または停止する方法がとられる．

空気流量制御系　　(2) 空気流量制御系　　排ガスO_2（空気／燃料比率）補正を受けた空気流量指令によって，押込通風機（FDF）の操作部を直接制御またはウインドボックス入口ダ

−66−

ンパ等を調整する．

　空気流量制御系においては，低負荷時の燃焼を安定させるために，実空気流量は設定された最低空気流量以下にはならないように配慮されている．したがって空気流量指令は，常時最少空気流量指令と比較されていて，いずれか高い方の指令信号が選択されているので，実空気量は最少空気量以下になることはない．

炉内圧力制御系　　(3) 炉内圧力制御系　　石炭だきボイラプラントなど平衡通風の火炉においては，炉内圧を大気圧より低めの規定値に制御し，燃焼の安定と，火炉の安全を確保する必要がある．

　炉内圧制御は炉内圧変動の外乱となる空気流量操作信号を，フィードフォワード信号として誘引通風機（IDF）を直接制御する．その状態において炉内圧設定と実炉内圧との間に偏差が生じれば，その偏差を零にすべく比例積分動作によるフィードバック制御が働き，炉内圧を設定値に維持する．

11・5　貫流ボイラのABC

貫流ボイラ　　貫流ボイラはドラム形ボイラと原理的に大きく異なっている．それは**図11・9**(a)に示すようにドラムがなく，蒸発部内部で蒸発完了点が変化する．すなわち水から飽和域，そして過熱蒸気となるわけである．したがって

（i）水→蒸気の変換位置が一定でないため（ドラム形の場合は**図11・9**(b)のようにドラムがその位置），過熱部の面積が一定でない．また過熱器流入流体のエンタルピーが一定していない．

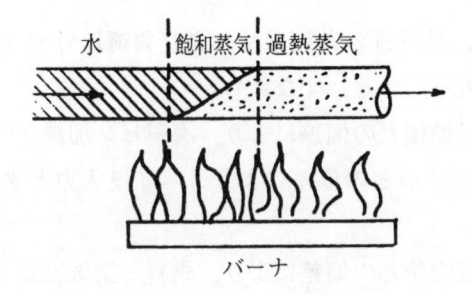

　　　　　　　　　　　　　　　　　(a) 貫流ボイラ原理説明図

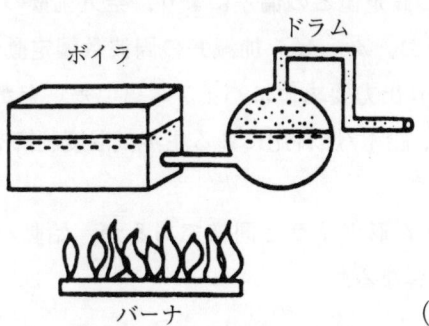

　　　　　　　　　　　　　(b) ドラムボイラ原理説明図　　図11・9

（ii）水管内流体の流速を確保するため，水管が細い．またドラムもないことから保有する流体量および熱量が少ない．

　このため貫流ボイラでは，蒸気・給水・燃料・空気の各流量がそれぞれ発電機出

11 ボイラ自動制御・計測と保安装置

ボイラ・タービン協調制御

力，主蒸気圧力，各蒸気温度等に複雑に相互干渉し，これらの制御量を常に要求値と一致させるためには，上記各ボイラ入力およびタービン入力のバランスをより正確にとる必要がある．この実現のため制御系は，出力要求信号を主体としたフィードフォワード制御によるボイラ・タービン協調制御方式を用いている．**図11・10**は，貫流プラントの基本的な制御回路を示す．

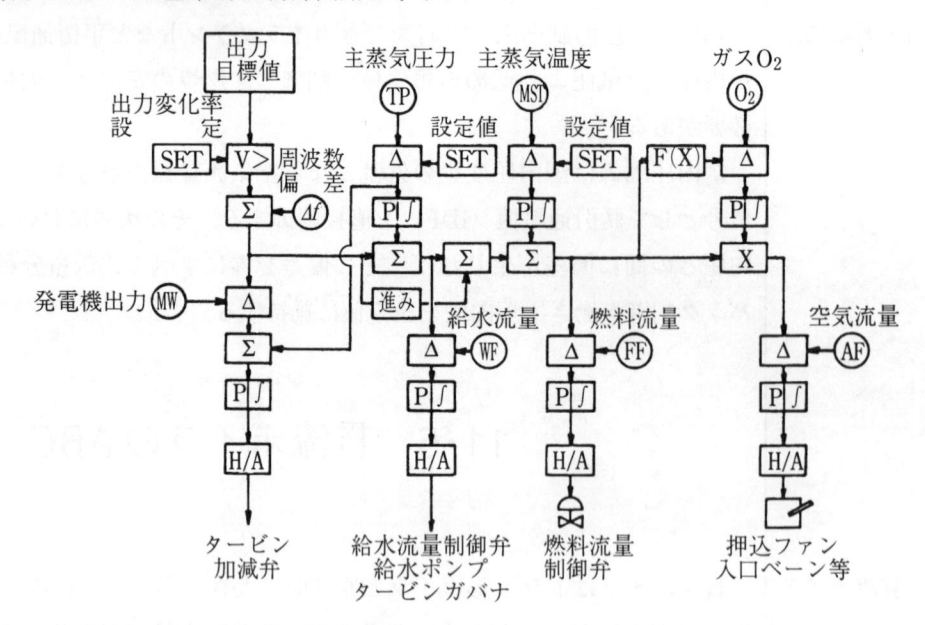

図11・10 貫流プラントの制御回路

出力目標値の変化は，変化率制限回路でユニットの状態に応じた適当な変化率を与えられ，タービン加減弁および各ボイラ入力の指令値を直接変化させる．その際，ボイラ入力については，ボイラ動特性による遅れを補償するための進み成分が加えられる．

フィードバック制御は，静特性の非直線性および負荷以外の外乱要因の吸収を目的とした二次的な役割をもっている．すなわち，

(1) 発電機出力と出力目標値との偏差により，タービン加減弁の指令値を，

(2) 主蒸気圧力とその設定値との偏差により，ボイラ入力とタービン加減弁の指令値を，

(3) 主蒸気温度とその設定値との偏差により，燃料・空気流量の指令値を，

(4) 排ガスO_2濃度とその設定値との偏差により，空気流量の指令値を，

それぞれ補正している．なお，タービン加減弁の周波数調定動作が打消されるのを防ぐため，周波数偏差により出力要求値にバイアス（偏差）をかけている．

過熱器スプレー制御系

過熱器スプレー制御系は，給水/燃料比による主蒸気温度制御を過渡状態において，助ける働きをしている．

再熱蒸気温度制御はドラム形ボイラと同様であるが，始動バイパス系の制御は，各ボイラメーカにより若干異なる．

(a) 運転モード

貫流プラントの制御装置においては，中央給電指令所などからのオンライン指令運転まで，プラントの状態に応じてつぎのような運転モードがある．

(1) 手動モード　すべての制御系は手動状態となり，手動操作が可能．タービ

11·5 貫流ボイラのABC

ン・ガバナだけは自動運転が可能であり，自動の場合は主蒸気圧力制御となる．

（2）計算機モード　始動時プラント計算機で制御するもので，BI設定値およびBE弁／BTB弁の開度分担率をプラント計算機から与える．

（3）ベースインプットモード（BIモード）　ボイラ入力を基準とした運転状態であり，給水自動の場合は，出力設定器により給水流量の設定値を与える．

給水手動の場合は，給水流量信号が燃料・空気の設定値となる．（タービン・ガバナが自動の場合は，主蒸気圧力制御を行う）

（4）ボイラフォローモード（BFモード）　タービン・ガバナ制御系が手動運転時，タービン・ガバナの操作された結果にボイラが追従する方式であり，ガバナ弁有効開度をボイラ入力の指令値として給水，燃料，空気が制御される．

（5）協調モード（DEBモード）　発電機出力制御モードの一つであり，出力設定器にて設定された出力となるよう，ボイラ・タービンの協調を取って制御される．（DEB：Direct Energy Ballance, L＆N社のプラント制御装置の商品名）

（6）AFCモード（DEB－LCモード，AFC：Automatic Frequency Control）プラントの制御形態はDEBモードと同じであるが，要求出力が中央給電指令所からのオンライン信号で設定されるAFC指令運転となる．

|ランバック動作| **(b) ランバック動作**

プラントを構成する主要な補機が，運転中にトリップした場合は，大きな外乱を受けるとともに，同じ出力での運転は不可能となる．そのため，残った補機で取り得る出力まで，プラントの協調を取りながら緊急出力制御を行う機能を持たせているが，その動作をランバックといっている．

しかしランバックを動作させるためには

（1）給水自動

（2）燃料自動

（3）空気自動

（4）ガバナまたはPWWO自動（PWWO：Pressure of Water Wall Output）

の条件が成立していなければならない．プラントがどのような状態となった場合に，どのような種類のランバックが働くかの例をつぎに示す．

|BFPランバック| （1）BFPランバック　BFPの運転台数が1台となった場合（BFP；Boiler Feed Pump）

|燃料ランバック| （2）燃料ランバック　オイル専焼中，HHOPまたはLHOPの運転台数が1台となった場合（HHOP；High Pressure Heavy Oil Pump）（LHOP；Low Pressure Heavy Oil Pump）

|FDFランバック| （3）FDFランバック　FDFの運転台数が1台となった場合（FDF；Forced Draft Fan）

|固定子冷却水ランバック| （4）固定子冷却水ランバック　固定子冷却水ポンプが全台停止などで冷却水が断水した場合

|ELLランバック| （5）ELLランバック　系統事故により，送電線の送電容量を超える状況となった場合（ELL；Emergency Load Limit）

|LCBランバック| （6）LCBランバック　ガバナ無負荷位置＋周波数異常となった場合（LCB；Load Cut Back）

11 ボイラ自動制御・計測と保安装置

(c) ローカル機器の制御

ローカル機器の制御は，ほとんどが単一ループで相互の関係をもたず，2～3の例外はあるが，他の制御装置と比較して構成は簡単である．最近の火力発電所では，ローカル制御だけでも40ループ以上もある．系統別に分類した主な制御装置を**表11·3**に示す．

表11·3 主要なローカル制御装置の種類

系統	制御系名称	系統	制御系名称	系統	制御系名称
給復水制御	脱気器水位	燃料制御系	燃料油ブレンド	タービン本体関係制御	グランドシール蒸気圧力
	脱気器圧力		燃料油タンクレベル		主タービン油温度
	復水器水位	補助蒸気制御	補助蒸気圧力		水素冷却
	給水過熱器水位		補助蒸気温度	その他	給水ポンプタービン油温度
	復水ポンプミニマムフロー		噴霧蒸気圧力		
	補給水タンク水位		スートブロー蒸気圧力		煙道アンモニア注入制御
	薬液注入		シール蒸気圧力		
燃料制御系	燃料油温度	空気・ガス関係制御	空気予熱器温度		
	燃料油圧力		一次、二次空気ダンパ		

(d) ボイラサブループ制御

(1) 燃料流量制御系 燃料要求指令を受けて，燃料供給用操作端を動作させる制御系が燃料サブループ制御系で，ボイラサブループ制御のうち，重要なものの一つである．

油やガスの流量制御は燃料供給母管に設置される流量計により検出された燃料流量とボイラ制御装置で作成された燃料要求指令が比較され流量調整弁により制御される．

石炭だきボイラの燃料制御は給炭機の回転数によって行われ，石炭量がミルの上限または下限に達すれば，順次ミルを始動または停止する方法がとられる．

(2) 空気流量制御系 排ガスO_2（空気/燃料比率）補正を受けた空気流量指令によって，押込通風機（FDF）の操作部を直接制御またはウインドボックス入口ダンパ等を調整する．空気流量制御系においては，低負荷時の燃焼を安定させるために，実空気流量は設定された最低空気流量以下にはならないように配慮される．したがって空気流量指令は，常時最少空気流量指令と比較されていて，いずれか高い方の指令信号が選択されているので，実空気量は最少空気量以下になることはない．

(3) 炉内圧力制御系 石炭だきボイラプラントなど平衡通風の火炉においては，炉内圧を大気圧より低めの規定値に制御し，燃焼の安定と火炉の安全を確保する必要がある．

炉内圧制御は炉内圧変動の外乱となる空気流量操作信号を，フィードフォワード信号として誘引通風機（IDF）を直接制御する．その状態において炉内圧設定と実炉内圧との間に偏差が生じれば，その偏差を零にすべく比例積分動作によるフィードバック制御が働き，炉内圧を設定値に維持する．

11·6 貫流ボイラの協調制御方式

貫流ユニット

(a) **貫流ユニットの運転方式**
火力発電ユニットの運転方式として基本的にはボイラ追従方式，タービン追従方式がある．

ボイラ追従方式

(1) ボイラ追従方式　ボイラの有する保有熱量を有効に利用し，高負荷追従特性を得る方式であり，一般に蓄熱容量の大きいドラム形ボイラに適用されている．

タービン追従方式

(2) タービン追従方式　貫流ボイラで従来採用されていたもので，ボイラ蓄熱を利用しない運転方式であり，ボイラは最も安定した運転を得ることができるが，負荷追従性能が劣るという欠点を持っている．

(1)と(2)はそれぞれ利点と欠点が互いに逆となっているため，両者の中間のものがあれば都合がよいわけで，この発想から考えられたのがボイラ・タービン協調制御方式である．

ボイラ・タービン協調制御方式

(3) ボイラ・タービン協調制御方式　この制御方式による発電量の応答は，負荷上昇，負荷降下においてタービン追従方式よりは速く，ボイラ追従方式よりは遅れる．しかしながらこの場合，応答は多少遅れてもボイラ入出力量のオーバ／アンダシュート量が適正に抑えられるという傾向にあることから，発電量要求値と実発電量の差の時間的積分値は協調制御方式において最も少ない優れた方法ということができる．

(3)の方式は貫流ボイラの制御方式として現在一般的に適用されているが，この制御方式はボイラ蓄熱容量を有効に利用して高い負荷追従性能を確保し，かつ安定した運転性能を得ようとするものである．以上の制御方式の特徴を**表 11·4**に示す．

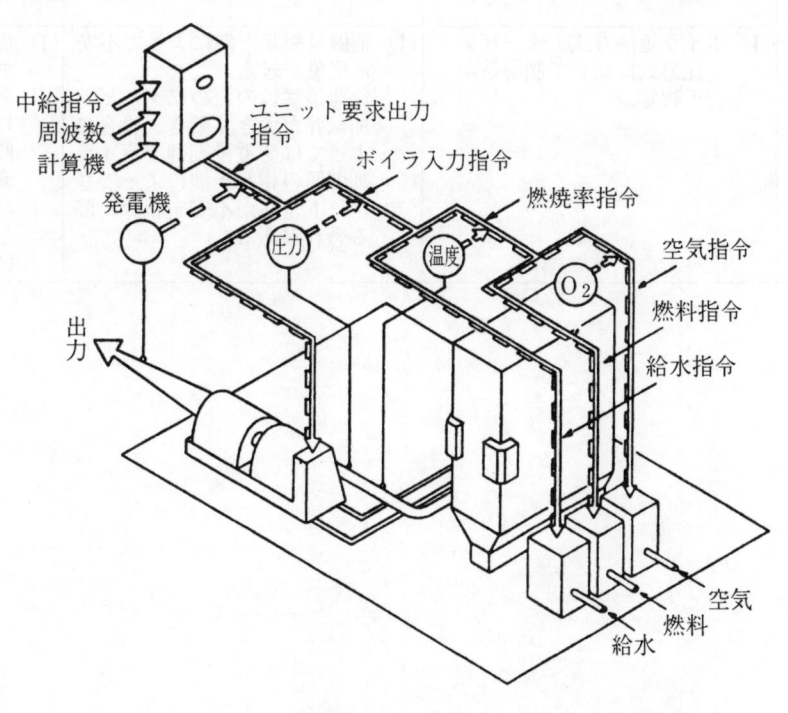

図 11·11　貫流ボイラのボイラ・タービン協調制御

(b) 貫流ボイラの協調方式の原理

図11・11は貫流ボイラの協調制御の基本原理を示したものである．略述するとユニット要求出力信号がボイラとタービンに並列に送られ，ボイラとタービンを一体としてフィードフォワード制御を行う．一方，ボイラの信号は並列に給水，燃料，空気に送られ，これらの信号によって修正され，相互干渉を打消すようにシステムを構成している．

表11・4 各制御方式の特徴

制御方式	ボイラ・タービン協調制御方式	ボイラ追従方式	タービン追従方式
系統	(MWD→圧力P・温度T→ボイラ・給水・ガバナ・タービン・燃料)	(MWD→圧力P→ボイラ・給水・ガバナ・タービン・燃料)	(MWD→圧力P→ボイラ・給水・ガバナ・タービン・燃料)
基本制御	負荷制御：タービン（ガバナ弁）　ボイラ（給水，燃料） 主蒸気圧力制御：ボイラ（給水）	負荷制御：タービン（ガバナ弁） 主蒸気圧力制御：ボイラ（燃料）	負荷制御：ボイラ（燃料） 主蒸気圧力制御：タービン（ガバナ弁）
対象プラント	超臨界圧貫流ユニット （超臨界圧定圧運転貫流ボイラ） （超臨界圧変圧運転貫流ボイラ）	ドラム形ユニット （自然循環式ボイラ） （強制循環式ボイラ）	モノチューブボイラ（旧）
長所	(1) 負荷追従性良好 要求発電量に対応して迅速にガバナ弁が動くと同時に，要求発電量信号でボイラ負荷を変えるため，良好な負荷追従性が得られる． (2) 運転特性が安定している．	(1) 負荷追従性良好 動作迅速なタービン加減弁を使用し，ボイラの蓄熱容量をエネルギーダンパとして活用するため，要求値に対する追従性が極めて良好．したがってAFC運用も可能．	(1) 運転特性が安定している． ボイラの蓄熱量を全く利用せず，ユニットは定常状態のまま発電量要求に応じて推移するため，ユニット運転状態は非常に安定である．
短所	(1) ボイラ追従方式，タービン追従方式に比して制御系が若干複雑．	(1) 制御量相互干渉によって不安定現象が起る． 負荷追従性のためにタービン加減弁が大きく動き，場合によっては発電量制御とボイラ制御間の相互干渉によってユニット全体が不安定状態に陥る恐れがある．	(1) 負荷追従性が劣る． ボイラ入力により発電量制御を行うため，ボイラ時定数に対応して発電量が変化するが，低圧タービン出力は再熱蒸気流量変化によって左右されるために遅れたものとなる．したがってAFC運転は実質的に困難．

12 ボイラ保安装置

12・1 ボイラ保護システム

MFT このシステムはボイラの安全運転と機器の保護を確保するため，ボイラが異常状態になると直ちにボイラの燃料を急速に遮断するもので，これをMFT（Master Fuel Trip）回路と称している．

この回路は，作動の信頼性が絶対的であることから，検出器は他の制御や計測用検出器とは独立して設置される．さらに，検出の信頼性確保のため検出器は多重化がはかられ，2 out of 3 論理回路などが採用される場合が多い．また多くの場合，この回路はDC110 V，所内直流電源が使用され，電磁リレーによって構成されている．

MFT項目 MFT項目は，ボイラ形式，ボイラ設計の考え方などにより多少異なるが，**表12・1**に代表的なMFTとすべき原因，理由を参考として示す．

またボイラトリップにいたる保護インタロック図の例を**図12・1(a)**に示す．しか

MFT条件 し前述のようにメーカやボイラ形式でMFT条件は若干相違する．たとえば(b)のように(a)とは少し違ったものもある．すなわち(b)は(a)に対して同図の左半分に相当する．普通MFTが発生すると，すべての燃料遮断弁は数秒で全閉し，火炉への燃料供給が停止する．その他過熱器，再熱器スプレイも同時に遮断される．

ボイラ再始動時は，火炉内の可燃性ガスを完全に排出して，点火時の火炉爆発事故を停止するための火炉パージを行う．このパージが行われるとMFTリレーがリセットされ，ボイラの点火が可能となる．火炉パージは風量30 %で5分間行われる．

12・2 FCB

FCB FCB（Fast Cut Back）は，系統事故時，発電所が単独運転となり，タービン発電機の負荷が発電所内のいわゆる所内負荷のみの運転となるため，ボイラの入力量（給水，燃料，空気）を急速に減少させ運転を継続し，系統の復旧に伴い再併列し系統運用に寄与するものである．このように，給水，燃料に対して急速に絞込みを行うことから Fast Cut Back と呼んでいる．

FCBを行うにあたり，ボイラ側での留意点は
・燃料の急速絞込みと安定燃焼の確保
・主蒸気圧力の過上昇防止

12 ボイラ保安装置

・低流量域での給水制御

があげられる．

表12・1 MFT条件と内容の簡単な説明

No.	原因	ボイラ形式 貫流形ボイラ	ボイラ形式 ドラム形ボイラ	概説
1	ボイラ出口主蒸気圧力高	○	○	「発電用火力技術基準」に基いて設置するもので、設計圧の1.06倍が設定値．
2	ボイラ循環流量低またはボイラ給水流量低	○	○（強制循環形）	火炉水冷壁の損傷防止．
3	RH保護	○	○	タービン加減弁が無負荷位置以下にあるときなど、再熱器管内の蒸気の流れが停止しているとき、ボイラの燃料が規定以上あると再熱器が焼損するのを防ぐ．
4	火炉圧力高 火炉圧力低（誘引通風の場合）	○	○	燃料の燃焼異常等による炉内圧力過昇による被害を最小限にとどめるために設ける．または、火炉の設計強度を超え火炉壁およびバックステーの破損防止．
5	全火炎喪失（クリティカルフレームアウト）	○	○	火炉内の燃焼が，爆発事故に至るほどの危険な状態となるときのボイラ保護．各バーナのコンパートメントに設置された火炎検出器で監視する．
6	全燃料不安定	○	○	運転中の燃料のバーナ圧力が低下し，安定燃焼限界を下回ったとき異常燃焼となるのを防ぐ．
7	全FDF停止 全IDF停止（誘引通風の場合）	○	○	ボイラの燃焼が不可能であり，爆発防止．
8	全給水ポンプ停止	○	－	ボイラ給水断で運転継続不可能なこと，および水冷壁焼損防止．
9	水冷壁圧力低	○	－	超臨界圧ボイラの火炉水冷壁は単相流となるよう設計されているが，亜臨界圧力になると2相流となり水冷壁の焼損防止．（変圧貫流ボイラには適用されない）
10	水冷壁出口温度高またはGRF2台停止	○	－	火炉水冷壁の焼損防止．（ドラム形ボイラは水冷壁は常に飽和となるので不要）
11	全バーナ弁全閉	○	○	バーナ弁閉は，ボイラの正常または異常な停止を意味し，再始動に対し火炉内パージを行わせるためMFTリレーを作動させる．
12	ドラム水位低	－	○	自然循環ドラム形ボイラでは，水位低下は水冷壁の焼損保護．（循環不良と同じ）
13	タービントリップ	○	○	タービントリップはボイラ運転継続不可となる．

12・2 FCB

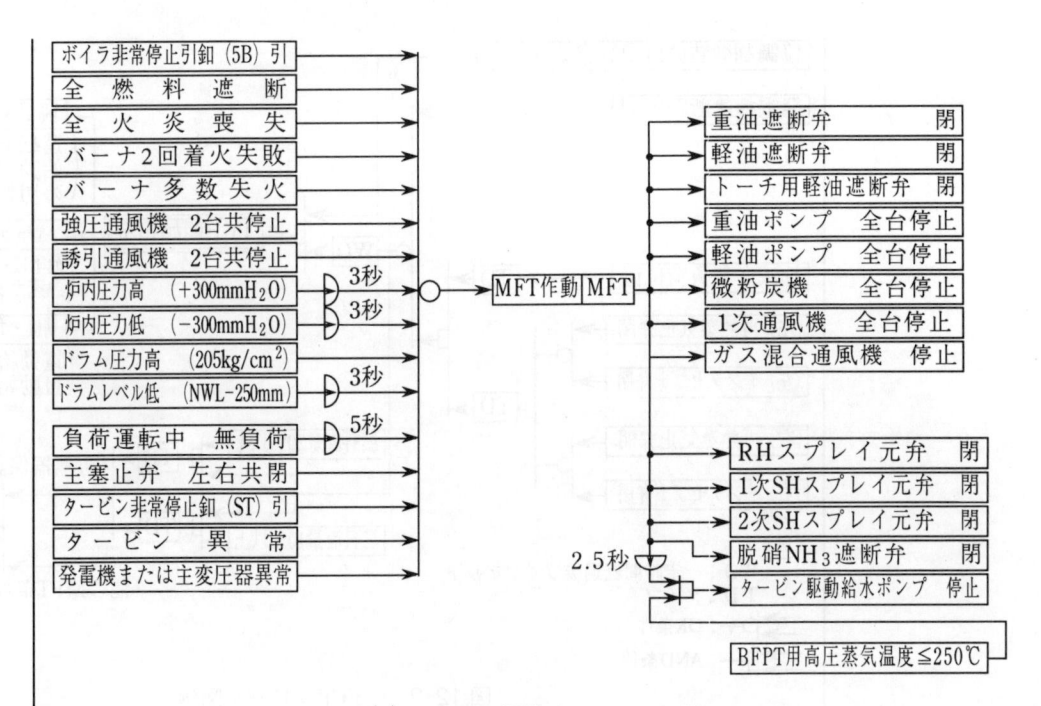

(a) ボイラ保護インタロック図

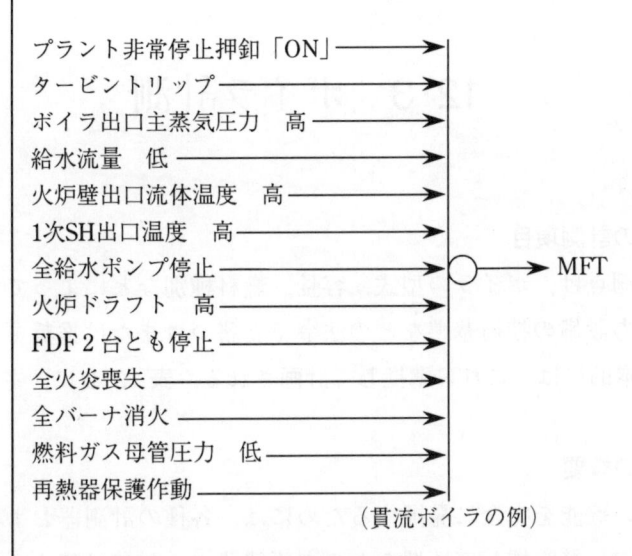

入力条件：
- ボイラ非常停止引釦 (5B) 引
- 全燃料遮断
- 全火炎喪失
- バーナ2回着火失敗
- バーナ多数失火
- 強圧通風機　2台共停止
- 誘引通風機　2台共停止
- 炉内圧力高　(+300mmH$_2$O) — 3秒
- 炉内圧力低　(−300mmH$_2$O) — 3秒
- ドラム圧力高　(205kg/cm^2)
- ドラムレベル低　(NWL−250mm) — 3秒
- 負荷運転中　無負荷 — 5秒
- 主塞止弁　左右共閉
- タービン非常停止釦 (ST) 引
- タービン異常
- 発電機または主変圧器異常

→ MFT作動 MFT

出力：
- 重油遮断弁　閉
- 軽油遮断弁　閉
- トーチ用軽油遮断弁　閉
- 重油ポンプ　全台停止
- 軽油ポンプ　全台停止
- 微粉炭機　全台停止
- 1次通風機　全台停止
- ガス混合通風機　停止

2.5秒：
- RHスプレイ元弁　閉
- 1次SHスプレイ元弁　閉
- 2次SHスプレイ元弁　閉
- 脱硝NH$_3$遮断弁　閉
- タービン駆動給水ポンプ　停止

BFPT用高圧蒸気温度≦250℃

(b) MFT条件例

- プラント非常停止押釦「ON」
- タービントリップ
- ボイラ出口主蒸気圧力　高
- 給水流量　低
- 火炉壁出口流体温度　高
- 1次SH出口温度　高
- 全給水ポンプ停止
- 火炉ドラフト　高
- FDF 2台とも停止
- 全火炎喪失
- 全バーナ消火
- 燃料ガス母管圧力　低
- 再熱器保護作動

→ MFT

(貫流ボイラの例)

図 12・1

(a) FCB回路

FCB回路　FCB回路の代表的な例を図12・2に示す．この回路の左側はタービン発電機が単独運転に移行したことを系統側で直接検出する条件と，ガバナ弁が無負荷位置になったことを条件としてFCB回路が作動することを示す．

(b) 燃料の急速絞り込み

所内単独運転　所内単独運転に移行するととくに再熱器には蒸気が流れなくなるので，この焼損を防止するため，バーナを順次カットし，燃料を急速に絞込む．この場合，燃料流量調整弁の絞り速度とバーナカット速度の協調が重要であり，バランスが崩れると燃焼不安定をきたすおそれがある．

図 12·2　FCBブロック図例

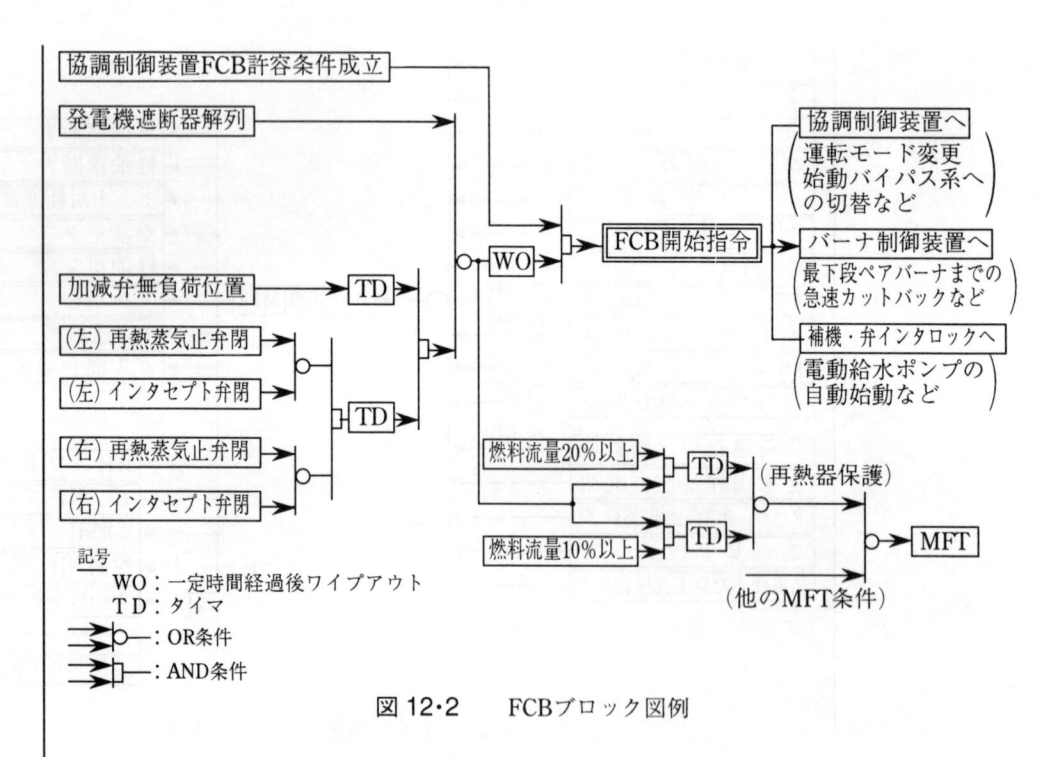

12·3　ボイラ計測

(a) ボイラの計測項目

ボイラ計測点

ボイラの計測点は，ボイラの型式，容量，燃料種別などによって多少の差はあるが，発電用火力設備の技術基準などの法令で義務づけまたは推奨項目としてあげられており，基本的には，これに準拠して計画される．**表12·2**に，主要な監視計測項目を示す．

(b) 計測器の概要

火力発電所の機能を完全に発揮するためには，各種の計測器および監視装置がボイラ・タービン・発電機・変圧器などの主要機器やこれに付随する補助機などに直接あるいは間接に取付けられて運転操作の案内役をする必要がある．従来の小規模発電所においてはボイラ・タービン・電気関係はおのおのの分野に分れてこれらが独立して設けられていたが，最近の大容量火力発電所においては，計器類の信頼度の高くなったことと，中央制御方式の採用に伴って，発電機・ボイラ・タービン関係の計測装置を全部発電所の中央の一室（中央制御室）にまとめて設けるのが普通である．

計測装置は既述のように重要な役目をもつため，当然この性能は良好なものでなくてはならない．

(1) 計測器の具備すべき条件

(1) 精度が高く正確，敏感であること．
(2) 構造が簡単で取扱いが容易なこと．
(3) 堅ろうで周囲温度の変化，塵，湿気および腐食性ガスなどによって影響さ

12・3 ボイラ計測

表 12・2 主要計測項目

系 統	計 測 点	特 種 計 測 計 器
蒸気系	○主蒸気,再熱蒸気,補助蒸気などの流量,圧力,温度	○蒸気純度管理用 　－電導度計
給水系	○給水などの流量,圧力,温度	○給水管理用 　－電導度計 　－pH計 　－溶存酸素計 　－シリカ計 など
燃料系	○燃料タンクのレベル,温度 ○各種燃料の供給ラインの流量,圧力,温度 ○バーナまわりのバーナ燃料圧力,アトマイズ蒸気または空気圧力 ○石炭バンカのレベル,温度 ○石炭流量(給炭量) ○ミルまわりの温度,圧力,1次空気流量	○燃料タンク保安用 　－油リーク検知器 ○燃焼配管,バーナまわり 　－ガス検知器 ○バーナまわりの保安監視 　－バーナ監視テレビ
火炉	○炉内圧力	○バーナ火炎検出 　－火炎検出器 ○炉内燃焼状態監視 　－炉内テレビ ○始動時の炉内温度監視 　－炉内温度計(サーモプローグ)
通風系	○燃焼空気,排ガス系などの流量,圧力,温度	○燃焼管理用 　－排ガスO_2計 　－排ガスCO計 　－ばい煙濃度計 ○環境監視用 　－排ガスNO_x計 　－排ガスSO_x計 　－ばい塵濃度計 　－排煙監視テレビ
ボイラ本体	○各部温度 ○ドラムまたはウォータセパレータのレベル	○メタル温度監視 　－過熱器 　－再熱器 　－ドラム 　－火炉壁 ○ドラムレベルの監視 　－ドラム監視テレビ 　－ドラムレベル遠隔表示装置
補機系	○補機の軸受温度 ○大形重要補機の振動 ○大形補機電流	

れないこと.
(4) 電源の電圧,周波数などの変動によって精度のか変らないこと.
(5) 遠距離の指示および記録が可能で連続的であること.
(6) 設備費が安価で維持費の少ないこと.

(2) 計測器の形式
(a) 測定値を表示するもの
　(i) 指示形
　(ii) 記録形
　(iii) 積算形
(b) 警報を発するもの
(c) 測定結果により制御を行うもの

12　ボイラ保安装置

(i) 無指示調節器
(ii) 指示調節器
(iii) 記録調節器

(3) **使用目的による計測器の種類**
(i) 燃料の性質・成分測定用
(ii) 重量測定用
(iii) ガス成分測定用
(iv) 圧力測定用
(v) 温度測定用
(vi) 流量測定用
(vii) 液面測定用
(viii) ばい煙測定用
(ix) 水質測定用
(x) 保安用特殊計器

ガス分析計　(c) **ガス分析計**（gas analyzer）

　これには燃焼ガス中のCO_2，CO，H_2，O_2および水素冷却発電機中のH_2純度などを測定するものがある．

　この分析方法は化学的方法と物理的方法とに大別され，前者は後者に比較して精度は高いが一般に操作がやや複雑で間接的であり，分析に長時間を要する．後者は特別なものを除いて測定が迅速で，遠隔指示・記録に適しており，火力発電所の常設熱管理計器に広く採用されている．

排ガス分析計　また排ガス分析計としては，燃焼管理用としてCO分析計，また燃焼管理・燃焼制御用としてO_2分析計があり，大気汚染防止法にもとづく排出基準・生活環境保全のための排ガス監視・脱硝あるいは脱硫装置用としてNO_X分析計・SO_2分析計やNH_3分析計などがある．

オルザット分析器　(1) オルザット分析器（Orsat analyzer）　化学的方法の代表的なもので，一定量のガス中のCO_2，O_2およびCOを各吸収液に吸収させ，このときの容積減少によってその含有量を測定する方法である．発電所においては各種試験時あるいは各物理的常設熱管理計器に広く使用されている．

CO_2計　(2) CO_2計

(i) 化学的CO_2計；CO_2の吸収にか性カリ溶液を用いるもの，また消石灰あるいはアルカリ性混合剤などの固体吸収剤を使用するものがある．

(ii) 電気式CO_2計；ガスの熱伝導率を利用するもので，**表12·3**のようにCO_2の熱伝導率が空気のそれに比べて非常に小さいことを利用して，それを測定するようにしたものである．

CO計　(3) CO計　CO計としては，圧倒的に赤外線式が多く使用されている．

　赤外線式は，後述のNO_X計と同様の原理で測定する．NO_X計と原理が同じであるので2成分連続測定が可能である．また，後述するSO_2計も赤外線式が多く使用されており，NO_X・CO・SO_2の3成分連続測定も可能である．

O_2計　(4) O_2計　O_2計には，**表12·4**に示すようにジルコニア式・磁気風式・磁気圧式などがある．燃焼管理・燃焼制御用としては，ガスサンプリング機器を必要とせ

ずメンテナンスにも優れ，かつ直接，検出器を排ガス中に挿入するため，応答時間も90％応答（分析計の応答時間の評価は90％到達時間で評価する）で3～5秒と早いので，直接挿入形のジルコニア式が圧倒的に多く使用されている．磁気風式・磁気圧式などはNO_X計のO_2換算用として使用されている．

表12・3 各種気体の熱伝導率

気　　体	熱伝導率
空　　　気	100
N_2	100
O_2	701
H_2	112
SO_2	34
CO_2	59
CO	47
CH_2	132
C_2H_4	78
石　炭　ガス	260

表12・4　O_2の測定方式とその原理

種　　類		測　定　原　理
磁気式	磁気風方式	磁界内で酸素分子の一部が磁性を失うことにより生ずる磁気風の強さを熱線素子で測定
	ダンベル方式	非磁性体のダンベルが磁化された酸素により磁界外に押出される偏位量の測定
	磁気圧力方式	周期的に断続する磁界下で酸素に働く吸引力を磁界内に一定流量で流入する基準ガスの背圧変化として測定
電気化学式	隔膜電極方式	ガス透過性隔膜を通し電解質中に拡散吸収した酸素を固体電極表面で還元し，この電解電流を測定
	ジルコニア方式	高温に加熱したジルコニア素子の両端に電極をおき，一方に試料ガス，他方に空気を流し，両極間の起電力を測定

（ⅰ）ジルコニア式；　ジルコニアは，高温に熱せられると酸素イオンに対し電解質として働き酸素イオンだけを通す．このジルコニア素子の両面に電極を取付け酸素イオン伝導による起電力が発生するので，これを検出することでO_2濃度を測定する．図12・3にジルコニアO_2計の原理を示す．

ジルコニアO_2計

磁気風式O_2計

（ⅱ）磁気風式；　磁気風式は，O_2の常磁性が他のガスと比較して大きく，また，その正磁化が温度上昇により減少することを利用した方式で，磁気圧式は，不均等磁場内に置かれた非磁性体に作用する力による体積磁化率を比較することで，O_2濃度を測定する方式である．

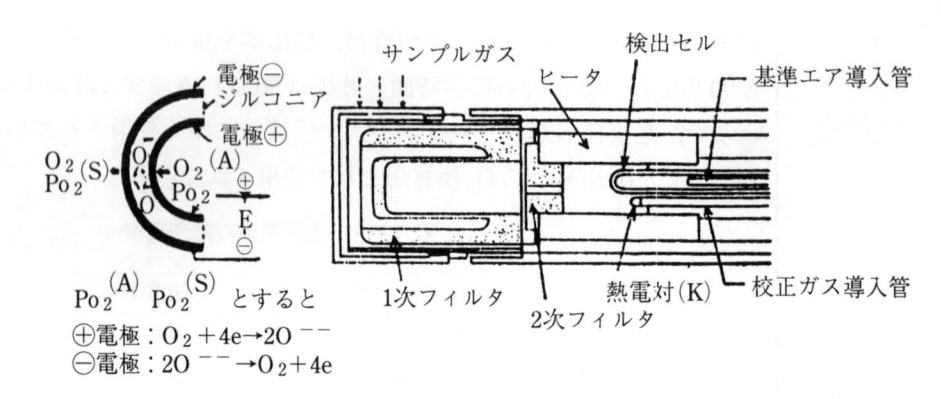

$Po_2^{(A)} > Po_2^{(S)}$ とすると
⊕電極：$O_2 + 4e \rightarrow 2O^{--}$
⊖電極：$2O^{--} \rightarrow O_2 + 4e$

図 12・3　ジルコニアO_2計の原理

NO$_X$計　（5）NO$_X$計　NO$_X$計には，表 12・5 に示すような測定方式・原理のものがあるが，一般には，赤外線式・化学発光式が使用されている．

表 12・5　NO$_X$の測定方式とその原理

種類	測定原理
化学発光方式	NOとO_3の酸化によるNO_2生成過程で生じる化学発光のうち590〜875 nm付近の光の発光強度の測定
赤外線吸収方式	NOの5.3μm付近の赤外線の吸収量の変化を選択性検出器で測定
紫外線吸収方式	NOの195〜230 nm付近またはNO_2の350〜450 nm付近の紫外線の吸収量の変化を光電的に測定
定電位電解方式	ガス透過性隔膜を通し電解質中に拡散吸収させたNO，NO_2を定電位電解し，この電解電流により測定
定電位電量方式	NO_2と臭化物の希硫酸溶液との反応により生成する臭素を電解還元し，この電解電流の量により測定

赤外線式は，NO$_X$がある波長の赤外線を吸収することにより熱膨張するので，その変化を検出しNO$_X$濃度を検出するものである．

化学発光式の原理は，NO$_X$をNOに変換するコンバータを通しNOとO_2を反応させ，そのときに化学発光反応（ケミルミルネセンス反応）することを利用する．この反応時の光の強度を検出しNO$_X$濃度を検出する．紫外線式は，ガスセルに紫外線を放射し，NO・NO$_X$等の各ガスに対する波長のスペクトル透過率を分光分析してNO$_X$濃度を測定する．図 12・4 は赤外線式NO$_X$計の原理を示す．

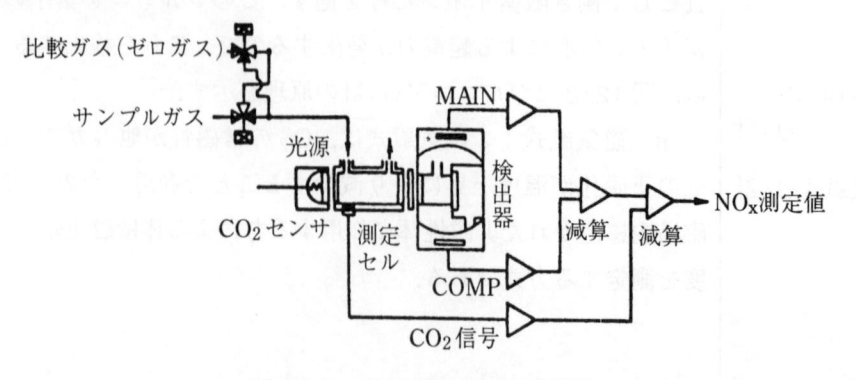

図 12・4　赤外線式NO$_X$計の原理

12·3 ボイラ計測

SO₂計

(6) SO₂計　SO₂計としては表12·6に示すような測定方法・原理がある．これらの測定方式のうち，赤外線吸収法は試薬などを用いず，保守性，安定性に優れていることから最も多く用いられている．測定原理は，SO_2の赤外線吸収スペクトルを利用して，測定ガス中を赤外線が通過する際のSO_2分による赤外線吸収量を求める方法で，SO_2以外の共存ガス（CO_2, NO_2, NH_3等）による干渉を除去するために各種の考慮がされている．

表12·6　SO_2の測定方法とその原理

種　類	測　定　原　理
溶液導電率方式	吸収液に排ガスを一定割合で接触させ，吸収液の導電率の変化を測定
赤外線吸収方式	SO_2の7.3μm付近の赤外線の吸収量の変化を選択性検出器で測定
紫外線吸収方式	SO_2の280～320 nm付近の紫外線の吸収量の変化を光電的に測定
炎光光度検出方式	水素炎中でのSO_2の熱分解における394 nm付近での発光強度の測定
定電位電解方式	ガス透過性隔膜を通し電解質中に拡散吸収させたSO_2を定電位電解し，この電解電流により測定

NH₃

(7) NH₃計

NH₃計も，化学発光式・紫外線式があり，一般的には，化学発光式が多く使用されている．

化学発光式は，NH_3をNOに変換し測定する間接測定方式であるが，NH_3をNOに変換する方式としては，酸化触媒によりNH_3とO_2とを高温で酸化させNOに変換する酸化方式と，NH_3触媒によりNO_Xに還元させる還元方式がある．

この両方式ともに，排ガス中のNO_Xとの差を測定しNH_3濃度を測定する方式で，近年，還元方式が多く使用されている．

温度計

(d) 温度計

高温高圧・大容量化した近年の火力発電プラントでは，安全かつ高効率運転そして設備の適確な維持管理を行うため，計測機器の重要性はますます増大しているが，なかでも熱管理のための温度計測は極めて重要である．

温度測定の方法・計器は多種多様で，最も簡単なガラス温度計からはじまって，高度な近代的計器もあるが，発電プラントに用いている温度計測機器をまとめると表12·7のように分類できる．

熱電対
測温抵抗体
封入温度計

この中で，0～1 000℃と広範囲な温度計測が可能で，温度指示が容易である熱電対が圧倒的に多く使用されている．測温抵抗体は，温度測定範囲が100℃以下となる海水温度・大気温度・燃料ガス温度，そして，発電機・変圧器の巻線温度などのように誘導電流が流れる可能性のある対象に使用される．封入温度計は，温度測定範囲が300℃以下の現場指示計・現場指示調節計に使用されている．

12 ボイラ保安装置

表 12·7 温度計測機器の分類

測定方式	熱電対式		測温抵抗体式		封入式
	シース形	保護管付シース形	シース形	保護管付シース形	保護管付
測定原理	熱起電力（ゼーベック効果）		電気抵抗の温度変化（金属）		熱膨張
理論式	$V=K(T_1-T_2)$	$V=K(T_1-T_2)$	$R=R_0(1+\alpha T)$	$R=R_0(1+\alpha T)$	液体：$P=K(1+\alpha T)$ ガス体：$V=RT/V$
出力信号	電気	電気	電気	電気	空気

圧力式温度計
（ブルドン管温度計）

(1) **圧力式温度計（ブルドン管温度計）**　水銀，そのほかの液体，気体を密閉管中に封入して，これに熱を加えると液体や気体あるいは蒸気圧力の増加によって管内の圧力が増大するため，この圧力を測定して温度を知るもので，図 12·5 はこれを示す．すなわち感熱部と計器内の圧力スプリングとその間を連結する細管からなっている．精度はあまりよくないが，ガラス温度計に比べて構造が堅牢で読取りが便利で，しかも遠隔測定に適しているなどの点から使用されることが多い．図 12·6 は蒸気圧力式感熱部を示す．

蒸気圧力式
　　感熱部

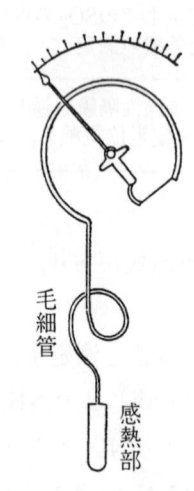

図 12·5　圧力式温度計

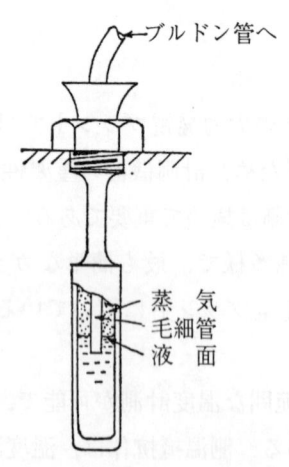

図 12·6　蒸気圧力式の感熱部構造

電気抵抗式
　　温度計

(2) **電気抵抗式温度計**　温度が上昇すると金属線はその電気抵抗を増加し，その間に一定の関係がある．これを利用して電気抵抗をはかるのが電気抵抗式温度計である．抵抗体としては温度係数が大きく，しかも規則的で安定なことが望ましい．この要求に対しては白金線がすぐれているが高価であるため，300℃以下の一般的なものにはニッケルが使用される．

12・3 ボイラ計測

熱電対温度計

(3) 熱電対温度計　熱電対（thermocouple）はその種類によって熱起電力が異なるが，温度に対しては比例する（ゼーベック効果）．したがってこの起電力を精密電圧計で測れば温度を知ることができる．この原理を応用したものが熱電対温度計である．図12・7はこれを示す．また表12・8は各種熱電対の仕様を示す．また図12・8は熱電対の構造と熱起電力との関係を示す．この起電力〔mV〕をmV／電流（電圧）変換器で電気信号に変換して受信計に温度を指示するようになっている．これは火力発電所で最も多く採用されている温度検出器である．とくにCA・ICが代表的である．

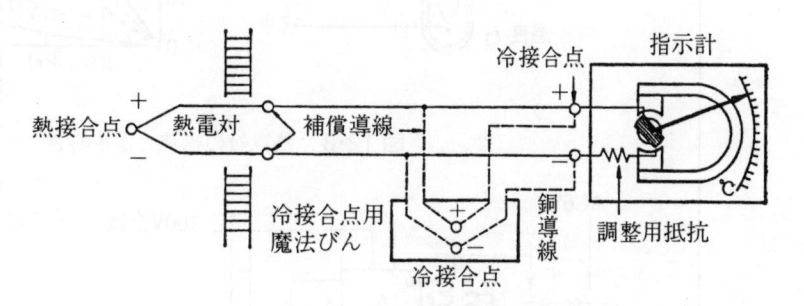

図 12・7　熱電対温度計の原理図

表 12・8　熱電対の種類

種類	構成材料 +　－	線径〔mm〕	常用温度〔℃〕	過熱使用限度〔℃〕	階級
PR	白金ロジウム 白金	0.5	1,400	1,600	0.25級
CA	クロメル，アルメル	0.65 1.0 1.6 2.3 3.2	650 750 850 900 1,000	850 950 1,050 1,100 1,200	0.4級 および 0.75級
CRC	クロメル，コンスタンタン	0.65 1.0 1.6 2.3 3.2	450 500 550 600 700	500 550 650 750 800	0.75級
IC	鉄，コンスタンタン	0.65 1.0 1.6 2.3 3.2	400 450 500 550 600	500 550 650 750 800	0.75級 および 1.5級
CC	銅，コンスタンタン	0.32 0.65 1.0 1.6	200 200 250 300	250 250 300 350	0.75級

　この温度計では一般に熱接点部に保護管を使用し，これから冷接点までは高価な熱電対線の代わりにこれと同じような特性をもつ電線（主として銅線と銅ニッケル合金線との組合わせ）を使用する．最近の自動制御の発達に伴い，これに適する温度測定装置として熱起電力を電子管式計器によって測定する図12・9のようなものが賞用されている．

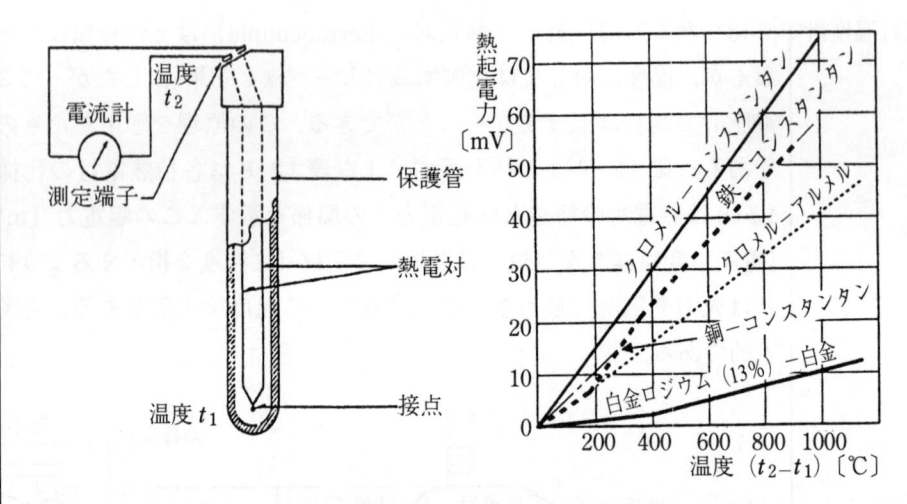

図12・8 熱電対の構造と温度特性

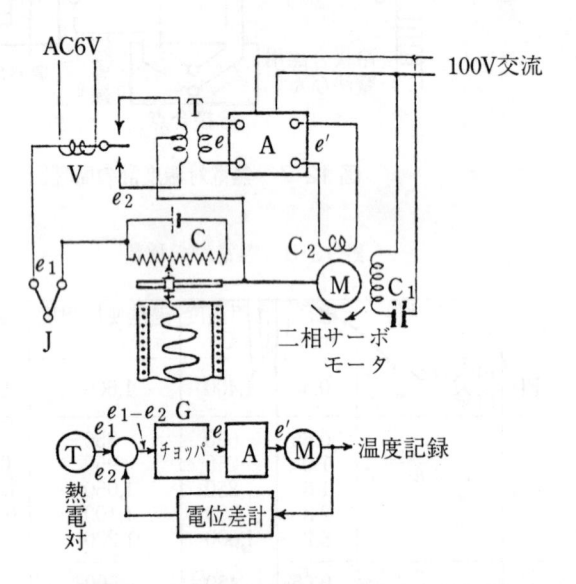

図12・9 電子管式計器

電子管式計器　これは熱電対Jに電位差計と，交直変換器（チョッパ）Gが付属している．測温部に挿入されている熱電対Jの熱起電力e_1と電位差計の電圧e_2の差によって，Gに電流iが流れ可動コイルが振れると交流電圧eが発生する．この電圧eは $(e_1 - e_2)$ の大きさおよび正負によって方向と位相が変化するから，これを増幅器を通じて，二相サーボモータMに加える．すると電位差計の接点Cを自動的に調節して平衡するまでペンを移動する．

熱電対　熱電対を主蒸気管その他に取付けるときは，図12・10(a)のようにステンレス製保護管　一体のくり抜き保護管を取付け，その中に(b)図のような温度計が挿入される．しかし主蒸気の流速は早く，高温高圧の管路へ挿入する保護管の長さは強度的には短いほどよいけれども，温度測定の精度を上げるためには挿入長さが長いほどよい．このため抗力による作用力や保護管の固有振動数，液体圧による作用力と，保護管に発生するカルマン渦の周波数と揚力による作用力などを考えて，共振を避けることや耐力のあるものとする必要がある．もしも設計，工作がこれを充たしていないときは保護管は根本で破損し，蒸気あるいは他の配管であれば内部の液体とか気体が外部に噴出することとなり，重大な事故を引起すことになる．

放射温度計　(4) 放射温度計（radiation pyrometer）　ステファン・ボルツマンの法則（Stefan-Boltzman's law）によると放射の強さEは

12・3 ボイラ計測

$$E = \sigma (T^4 - T_0^4) \ [\mathrm{W}] \tag{12・1}$$

ただし，T；物体の温度〔K〕
　　　　T_0；周囲温度〔K〕
　　　　σ；定数

したがって高温の物体から放射する放射の強さを測定することによって温度を求めることが可能で，この原理にもとづくものが放射温度計であって，測定範囲は600～2 000℃である．図12・11はこの構造を示す．測定に対しては対眼レンズから見て物体の像が受熱板をおおうように調節する．受熱板として熱電対を用い，その電圧をミリボルト計で測定する．レンズの代わりに反射鏡を用いたものである．

光高温計　　(5) 光高温計（optical pyrometer）　　かがやき温度を測るもので，図12・12は

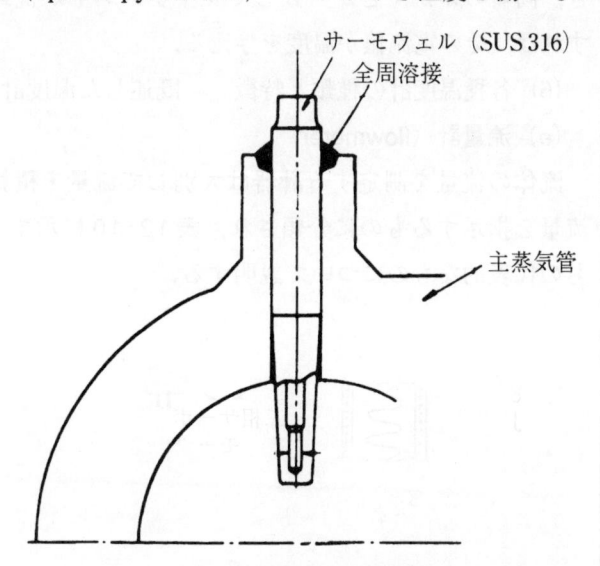

(a) 主蒸気管取付温度計保護管

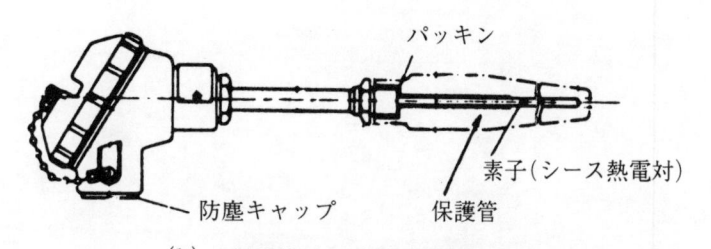

(b) 保護管挿入形高圧用温度計

図 12・10

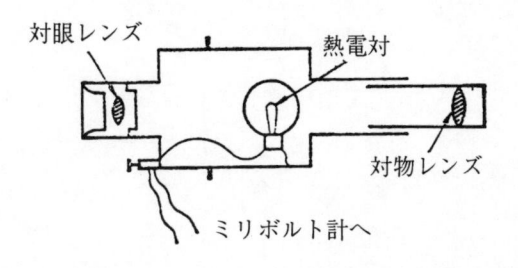

図 12・11　放射温度計

-85-

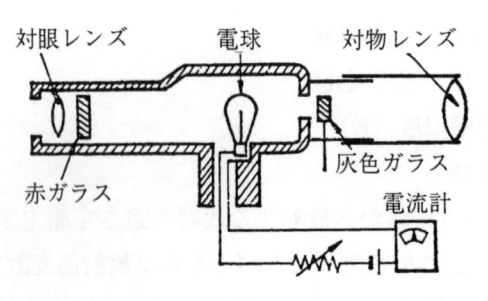

図 12·12 光高温計

その構造を示す．

灰色ガラスは目盛を切換えるため，赤ガラスは赤色（0.66μm）でかがやきを比較するためのものである．測定に際しては視野の内に測温物の像とフィラメントをおき，両者のかがやきが一致してフィラメントが視野から消失するように電流を加減すれば，その電流値が温度を与える．

(6) 各種温度計の種類と特徴　　既述した温度計の種類と特徴を**表 12·9**に示す．

流量計

(e) 流量計（flowmeter）

流体の流量を測定する計器は大別して流量を積算するものと，単位時間における流量を指示するものに分類され，**表 12·10**に示すようなものがある．つぎにこのうちの代表的なものについて説明する．

12・3 ボイラ計測

表 12・9 温度計の種類

種類		測定範囲 [℃]	精度 [℃]	計器原理	測定方式	記録方式	時間遅れ	測温別
膨張式	水銀棒状温度計（普通）	-30〜200	0.2〜1	見掛け膨張	直読式	なし	20〜60秒．ただし液体中，気体中の場合は10分に達することがある．	各種
	水銀棒状温度計（窒素封入）	-35〜500	1〜3	同上	同上	同上		同上
	アルコール	-110〜50	0.5〜1.0	同上	同上	同上		同上
圧力式	蒸気圧力式	45〜320	1〜5	ブルドン管式	指示記録調節計	ペン式	2〜10分 気体圧（多い） 蒸気圧（やや多い） 液体（少ない）	同上
	液体充満式	-40〜500	1〜2	同上	同上	同上		同上
	気体充満式	-150〜500	1〜3	同上	同上	同上		同上
	熱電対温度計	0〜1400	0.5〜2.0%（JIS 1603）	mV計または電位差計	同上	打点式ペン式	保護管付きで液中または流れる気中で1〜5分，静止気中では増加する．	同上
	抵抗温度計	-200〜500	0.5〜2.0%（JIS 1602）	比率計またはブリッジ式	同上	同上		同上
	光高温計	700〜4000	5〜15	mA計	指示計	なし	熟練による	高温表面および炉内温度
	放射（輻射）温度計	600〜2000	10〜20	mV計または電位差計	指示記録調節計	打点またはペン式	2〜10秒	炉内温度
	ゼーゲルコーン	600〜2000	5〜10	軟化溶融	—	なし	常温よりの加熱所要時間	炉内温度 窯業原料製品の耐火度

12 ボイラ保安装置

表 12·10　流量計測方式の分類

測定方式	差圧式			容積式	タービン式	面積式	電磁式
	オリフィス	ベンチュリ	ノズル				
測定原理	ベルヌーイの法則	ベルヌーイの法則	ベルヌーイの法則	連続升の回転計測	流体によるタービン回転	一定差圧とする可変オリフィスの原理	ファラデーの法則
理論式	$Q=K\sqrt{P_1-P_2}$	$Q=K\sqrt{P_1-P_2}$	$Q=K\sqrt{P_1-P_2}$	$Q=KN$	$Q=KN$	$Q=KN$	$Q=\pi D/4B$
出力信号	電気・空気	電気・空気	電気・空気	電気	電気	電気・空気	電気
性状 気体	○	○	○	△	△	○	×
性状 液体	○	○	○	○	○	○	○

測定方式	超音波式	カルマン渦式	質量式	その他		
				ターゲット式	せき式	アニューバ式
測定原理	超音波の伝播速度の変化	カルマン渦の法則	コリオリの力の原理	流体による動圧の変化	ベルヌーイの法則	ベルヌーイの法則
理論式	$Q=K\Delta V$	$Q=Kf$	$Q=K\Delta t$	$Q=K\sqrt{F}$	$Q=KWH$	$Q=K\sqrt{P_d}$
出力信号	電気	電気	電気	空気・電気	電気	電気・空気
性状 気体	×	○	△	×	×	○
性状 液体	○	○	○	○	○	○

○印：一般的に適している．
△印：考慮を要する．
×印：不適あるいは標準的には適さない．

電磁式流量計

（1）電磁式流量計　電磁式流量計は，火力発電プラントではスラリ状の流体測定に使用される場合が多い．流れの方向と垂直に磁界が加えられている測定管内を導電性流体が流れるとファラデーの電磁誘導の法則により，流体の平均流速に比例した起電力Eが流体中に誘起される．磁束密度をBとすると，流量はE/Bに比例するから，これで目的が達せられる．図12·13はこの原理を示す．

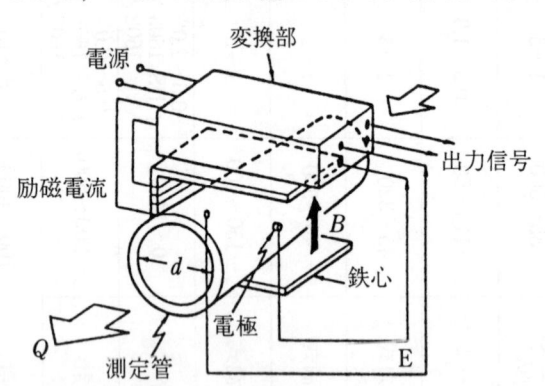

図 12·13　電磁式流量計の原理図

電磁式流量計は，他の流量計に比較してレンジャビリティが広く，かつ圧力損失がないなどの特徴がある．

容積式流量計

（2）容積式流量計

ガスメータ

（i）ガスメータ；　図12·14（a）は湿式ガスメータの内部を示す．すなわち半ば水を満たした水平円筒内にA，B，C，Dの4室をもった回転ドラムがあり，ガスは中央の管Eからa，b，c，dのいずれかのすき間を通って，A，B，C，D室のいずれかに入り，ドラムを矢印の方向に回転しながら上部の管から外へ出る．ドラム内の容積は水位が不変であるかぎり一定であるから，ドラムの回転数からガスの流量がわかる．

12·3 ボイラ計測

(a) 湿式ガスメータ　　　　(b) オーバル流量計

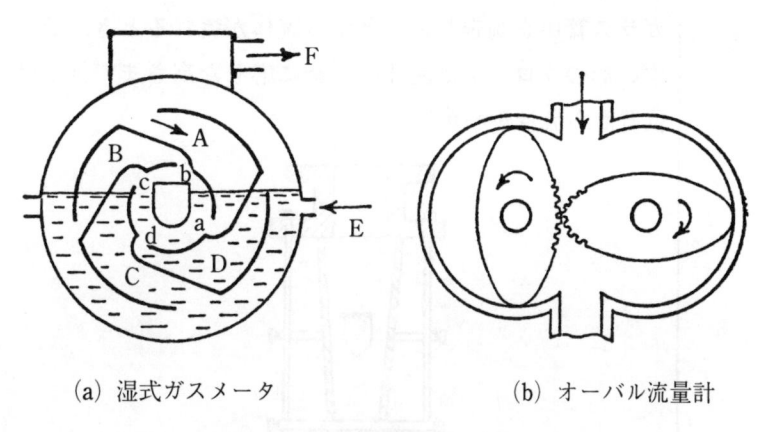

図 12·14

オーバル流量計　　(ii) オーバル流量計；　図 12·14(b) のように2個の歯車の回転子（非円形）が流体の出入差圧によって回転する．その回数によって流量が測定できる．

差圧式流量計　　(3) 差圧式流量計

ピトー管　　(i) ピトー管；　流体の静圧と流体速度に対する動圧との和に相当する圧力差をピトー管（Pitot tube）によって求め，これをhとすると流量Qは次式のようになる．

$$Q = A \cdot C \sqrt{2gh/\gamma} \quad [\mathrm{m^3/s}] \tag{12·2}$$

ただし，A；管の断面積 $[\mathrm{m^2}]$
　　　　g；9.81 $[\mathrm{m/s/s}]$
　　　　h；差圧 $[\mathrm{mmH_2O}]$
　　　　γ；流体の比重 $[\mathrm{kg/m^3}]$
　　　　C；流量係数

オリフィス　　(ii) オリフィス（orifice）；　図 12·15 に示すように真直な管の途中に小孔をもった絞り板（オリフィス板）をはさんで流れを絞り，その前後の圧力差を測定して流量を測定する方法である．この場合の流体の重量Gは

$$G = C \cdot \varepsilon \cdot F \sqrt{2g \cdot \gamma \cdot h} \quad [\mathrm{kg/s}] \tag{12·3}$$

ただし，C；流量係数
　　　　ε；膨張補正係数
　　　　F；絞り板の孔の断面積 $[\mathrm{m^2}]$
　　　　γ；流体の比重 $[\mathrm{kg/m^3}]$
　　　　h；絞り板前後の圧力差 $[\mathrm{mmH_2O}]$

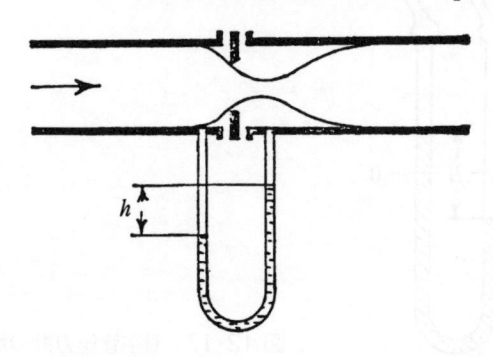

図 12·15 オリフィス流量計

面積式流量計　　(4) 面積式流量計

フローメータ　　(i) フローメータ；　図 12·16 のように下部口径が上部口径よりやや小さい垂直

ガラス管中を測定しようとする流体が流れるとき，そのガラス管中に入れてある円すい形のフロートは流体の流量に応じた高さまで押上げられて静止する．その静止位置から流量がわかる．

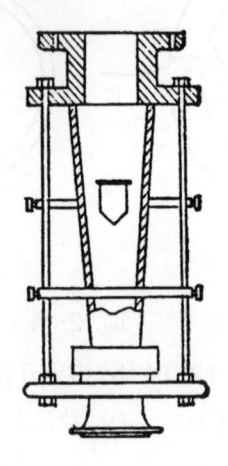

図 12・16 フローメータ

（f）圧力計

（1）圧力計の種類　圧力計には**表 12・11** に示すような種類がある．このうち代表的なものについて説明する．

表 12・11 圧力計の種類

種　　類	計　　器
液　柱　計	U字管圧力計 単管傾斜圧力計 二種類の液体を用いたU字管圧力計 チャトック微圧計
薄板形圧力計	
沈鐘式圧力計	
そのほかの圧力計	環状液柱計 ブルドン管圧力計

（2）U字管圧力計　U字管中に水・水銀などの液を入れてこの管の両端を測定する圧力部に連絡すると，管内の液柱の高さの差はその圧力差を表示する．また一端を大気に開放すれば大気圧に対する圧力差を示す．**図 12・17** で液柱の高さの差が H〔mm〕であれば中の溶液が水の場合はこの圧力差を水柱〔mm〕という．

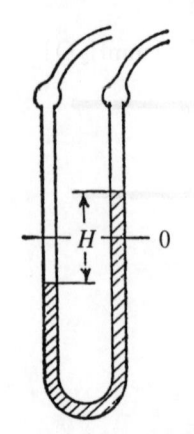

図 12・17 U字管圧力計の原理

（3）水銀柱式圧力計　一端を閉じたガラス管に水銀を満たして，開いた方を水銀槽内に入れて**図 12・18** のようにガラス管を立てると，水銀柱はある高さで止まり，

その上部は真空となる．槽内の水銀面からの水銀柱の高さHはそのときの大気の圧力を示し，その標準値は，760mmである．

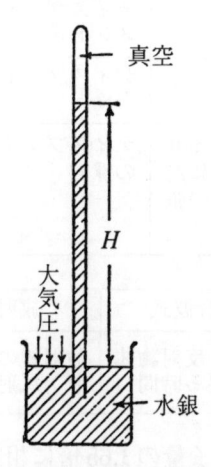

図12・18 水銀柱式大気圧計の原理

通常，水銀柱式圧力計は垂直に立てられていて，底部のねじで槽内の水銀面を基準に合わせてから水銀柱の高さをスケールで読む．ガラス管の上部を測定する真空容器に接続すると，水銀柱の高さはその真空度を指示する．これが水銀柱真空計である．

ブルドン管形圧力計

(4) ブルドン管形圧力計　図12・19はこの構造原理を示す．この計器は

圧力計；大気圧以上の圧力を測定する

真空計；大気圧以下の圧力を測定する

連成計；大気圧を基準にして大気圧の上下の圧力を測定する．

動作の機能は圧力を加えることによってブルドン管がのび，リンク，歯車，ピニオンを介して指針を動かす．

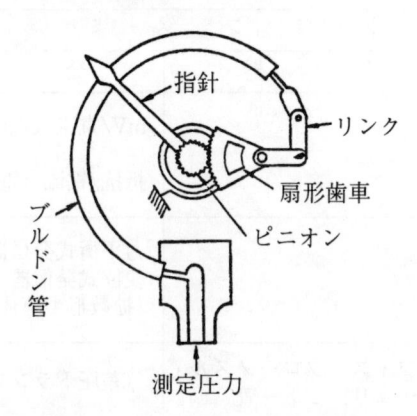

図12・19 ブルドン管形圧力計

液面計

(g) 液面計

液面計には表12・12に示すような種類がある．表のうちで，圧力式の差圧を検出してレベルを測定する方法は，蒸気ドラムのレベル計測に，LNGタンクレベルには浮子式・静電容量式が，また石炭バンカのレベル計測には超音波式や静電容量式・放射線式・サウンディング式などが使われている．

電気伝導度計

(h) 電気伝導度計

復水，ボイラ用水または蒸気などの純度測定のため，その電気伝導度を測定して，これを$\mu\mho$で表示する計器である．電気伝導度は温度によって変化するため温度変化を自動的に補償し，誤差を少なくするようになっている．とくにこの電気伝導度

検塩計

をNaClの〔mg/ppm〕に換算して目盛り，検塩計ということもある．復水などにこ

表 12·12　レベル計測機器の分類

測定方式	浮子式		ディスプレイスメント式	圧力式	
	フロート	ディスプレイサ	ディスプレイサの浮力	差圧または圧力	バブラ
測定原理	フロートの液面上の移動	ディスプレイサの重量変化に対するテープの張力変化	ディスプレイサの浮力	差圧または圧力	バブラ管の圧力（背圧）

測定方式	静電容量式	超音波式	放射線式	サウンディング式
測定原理	静電容量の変化	音波が反射物体から戻る時間	放射線の透過・吸収・反射の割合	重錘を吊したワイヤの張力の変化

海水漏入量　れを使用した場合，NaClはClの分子量の1.65倍に相当するので，海水漏入量は次式で算出される．

$$海水漏入量 = \frac{復水量〔kg/h〕 \times 塩分含有量〔ppm〕}{海水の塩分含有量〔ppm〕} 〔kg/h〕 \quad (12·4)$$

海水の塩分含有量はClで17 000 ppm，NaClでは28 000 ppm程度である．

(i) 検出器および発信器

ボイラでは既述したように温度・圧力・流量・液位などを監視かつ制御に取込まなければならない．このためにはこれを検出して信号に変えて発信する装置と，これを受信する装置が必要であるが，信号として使われるのは，4～20 mA, DCある

表 12·13　主要な検出器および発信器

測定量	トランスミッタ	
	検出器	発信器
温度	熱電対 測温抵抗体 サーミスタ	mV/電流（電圧）変換器 抵抗/電流（電圧）変換器
圧力 （差圧）	ダイアフラム ベローズ ブルドン管	力平衡式発信器 変位式発信器 （拡散形半導体センサ，静電容量形）
流量	差圧式（オリフィス，フローノズル，ベンチュリ，ピトー管）	（差圧トランスミッタを使用）
	容積式（オーバル式など） タービン式（流速式）	周波数/電流変換器
	面積式（フロート形）	変位式電流発信器
	せき式（開水路用） フリューム式（開水路用）	（レベルトランスミッタを使用）
	電磁式 渦式（YEWFLOなど） 超音波式	
レベル	差圧式	（差圧トランスミッタ使用）
	フロート式	変位式発信器 力平衡式発信器

12・3 ボイラ計測

いは 0.2〜1.0 kg/cm^2 等である．この信号として送出す発信器と検出器を合わせてトランスミッタと呼んでいる．

　このトランスミッタを測定すべき量（現象）ごとに区別して示すと**表 12・13** のようになる．その内容については既述したとおりである．

演習問題

〔問題1〕最近における微粉炭燃焼方式の大形ボイラの効率〔％〕は

〔問題2〕つぎの術語を簡単に説明せよ．
スートブロア（soot blower）

〔問題3〕節炭器を有する水管式ボイラの加熱面積と火床面積との比は

〔問題4〕最近の大容量強制循環式ボイラについて，その特徴を述べこれと自然循環式とを比較せよ．

〔問題5〕汽力発電所において，貫流ボイラを採用する場合，その得失について説明せよ．　　　　　　　　　　　　　　　　　　　　　　　　（36年Ⅰ種二次）

〔問題6〕現在運転中の事業用火力発電所のような，高圧高温大形ボイラについて
1（イ）負荷変動に対する蒸気温度特性
　（ロ）蒸気の温度を調節するにはどのような方法を用いればよいか．
2　蒸気温度の調節は，低品位炭（発熱量3 500 kcal/kg程度）あるいは重油を専焼する場合においては，一般炭（発熱量5 500kcal/kg程度）を専焼する場合に対し，異なるところ，あるいはとくに注意しなければならない点があるか，あればそれについて述べよ．

〔問題7〕高温高圧裸水管式ボイラの主汽胴内の汽水分離装置について説明せよ．

〔問題8〕高温高圧汽力発電所においては，給水処理をとくに必要とする．最近の給水処理方法について述べよ．

〔問題9〕わが国における最近の高温高圧の汽力発電所のボイラ給水について，問題となっている点およびこれに関する対策を述べよ．

〔問題10〕汽力発電所内の補助機中，予備機をもっとも必要とするものは．

〔問題11〕不純物を含んでいる水を直接ボイラに供給すると，□□□をおこして缶板を傷めたり，缶板や□□□に□□□を生成して□□□を非常に低下させる．この結果，□□□を増加させ，あるいはボイラの一部を□□□させて缶板を損傷

する.

(答 腐食, 伝熱面, スケール, 熱伝達, 燃料消費量, 過熱)

〔問題12〕火力発電所における再熱器の目的は.

〔問題13〕蒸気圧力が高くなるにしたがって, 蒸気の□□□は□□□の比重に近づき, 臨界圧力□□□〔kg/cm²〕以上では加熱によって水は□□□することなく直接□□□に変わる.

(答 密度, 水, 225.6, 沸とう, 蒸気)

〔問題14〕貫流ボイラで圧力が高くなるに従い, □□□の比重は小さくなり, 逆に□□□の比重は大きくなって, 圧力180kg/cm²付近から急速に水蒸気の比重差は□□□となり, ついに□□□〔kg/cm²・abs〕にいたって, 両者の比重は同じになる. この点が臨界点で, このときの圧力より高い圧力を□□□と呼ぶ.

(答 水, 蒸気, 小さく, 225.6, 超臨界圧)

〔問題15〕火力発電所に用いられる大容量貫流ボイラの特徴とその制御方式について概述せよ.

〔問題16〕異なる循環方式の火力発電用ボイラの種類三つをあげ, それらの原理を図示して簡単に説明せよ.

〔問題17〕汽力発電所のボイラ給水ポンプを□□□で駆動する場合, 蒸気源として主タービンの□□□を使用するためサイクル熱効率が向上するとともに, 給水流量を□□□の増減により制御できるため□□□駆動の場合の□□□弁の絞り損失がない.

(答 蒸気タービン, 抽気, タービン回転数(速度), 電動機, 給水制御(流量制御))

〔問題18〕貫流ボイラは, ドラム式ボイラに比べボイラの保有□□□が少なく, □□□応答性が良いなどの特徴を有するが, 一方ドラムでの□□□処理ができないため, 厳しい□□□管理が要求される. したがって, 良質な給水純度を確保するため, □□□脱塩装置をもつものが多い. (平4年Ⅱ種)

(答 水量(熱量), 負荷, 排水(濃縮ブロー, 缶水ブロー, ブロー), 水質, 復水)

〔問題19〕煙道で石炭燃焼の程度を知るには□□□を使った煙濃度計, □□□に吸収させて化学的に測るCO_2計, あるいは熱線におよぼす□□□効果の相違を利用した自動記録計などが使用される. CO_2が□□□～□□□〔%〕のときがもっとも経済的で, これは過剰空気□□□～□□□〔%〕を意味する.

(答 光電管, か性カリ(KOH), 冷却, 13, 15, 40, 20)

演習問題

〔問題20〕汽力発電所における運炭装置，ボイラおよび復水器に取付けられるおもな計器の名称をあげよ．

〔問題21〕微粉炭燃焼ボイラにおける自動燃焼制御の原理を説明せよ．

〔問題22〕最近発電所に用いられる自動制御装置としてどのようなものがあるか，おもなものについて述べよ．

〔問題23〕汽力発電所におけるタービンの入口蒸気温度の調整方法二つをあげよ．

〔問題24〕火力発電所の運転中は，負荷に追従して絶えずボイラの □□□ を加減して □□□ を定位に保ち，燃焼を調節して □□□ と □□□ とを規定値に保持しなければならない．とくに，燃焼の調節は，つねに燃焼状態が最良であるように燃料と □□□ の量との間に一定の相関関係を保ちつつ，敏速に行う必要がある．

(答　給水量，ドラム水位，蒸気圧力，蒸気温度，空気)

〔問題25〕大容量汽力発電所において，燃焼，蒸気温度および給水の自動制御を必要とする理由ならびに機構について述べ，かつ方式名を列挙せよ．

〔問題26〕汽力発電所の自動燃焼制御方式は，負荷の変動に応じ自動的に □□□ と □□□ の供給量を調節する方式であり，最近の高温高圧の汽力発電所に採用されるようになった自動ボイラ制御方式は，さらに □□□ および □□□ をも調節する方式である．

(答　燃料，空気，給水量，蒸気温度)

〔問題27〕熱電対温度計の原理は．

〔問題28〕自動制御の追値制御3種をあげ，これを説明して応用例をあげよ．

〔問題29〕フィードバック自動制御系の調節部の基本動作方式には，□□□ 動作（比例動作），I動作（□□□ 動作）および □□□ 動作（□□□ 動作）がある．比例動作の比例感度を高くしすぎると，制御系に □□□ を生じて不安定になりやすい．

(答　P，積分，D，微分，じょう乱)

〔問題30〕ボイラ追従方式は，負荷指令に対応してタービンに流入する □(1)□ を制御するために □(2)□ の開度を変化させ，主蒸気圧力の変化に応じてボイラを制御する方式で，□(3)□ において従来から広く採用されている．一方，タービン追従方式は，負荷指令に対しボイラ入力を変化させ，主蒸気流量に応じてタービン出力を制御する方式で，ボイラ側の制御は安定するが □(4)□ が遅いのが欠点である．大容

演習問題

量の火力発電所では，ボイラ制御とタービン制御を協調的に行う ⑸ が採用されている．

【解答群】
(イ) 変圧運転方式　　(ロ) ドラム形ボイラ　　(ハ) 冷却水量
(ニ) 主蒸気止め弁　　(ホ) 速度調定率　　(ヘ) 蒸気加減弁
(ト) 貫流ボイラ　　(チ) 蒸気量　　(リ) 回転速度
(ヌ) 超臨界圧ボイラ　　(ル) 逆止弁　　(ヲ) 負荷追従速度
(ワ) 燃料流量　　(カ) プラント総括制御方式　　(ヨ) 燃料トリップリレー

(答　(1)−(チ), (2)−(ヘ), (3)−(ロ), (4)−(ヲ), (5)−(カ))

索引

英字

2床3塔形純水装置	50
2色水面計	34
3要素式	43
3要素制御	65
4床5塔形純水装置	50
ABC	57, 61
ACC	57, 61
BFPランバック	69
CO_2計	78
CO計	78
D動作	60
ELLランバック	69
FCB	73
FCB回路	75
FDFランバック	69
LCBランバック	69
MFT	73
MFT項目	73
MFT条件	73
NH_3計	81
NO_X計	80
O_2計	78
PD動作	60
pH（ペーハー）	45
PID動作	60
PI動作	60
SO_2計	81
U字管圧力計	90

ア行

圧力計	90
圧力式温度計（ブルドン管温度計）	82
安全弁	33
イオン化反応	47
イオン交換剤	49
イオン交換法	49
一時硬度	46
永久硬度	46
液面計	91
演算記号	63
煙道ガス	29
遠心式汽水分離装置	12
塩類	47
オーバル流量計	89
オリフィス	89
オルザット分析器	78
温度計	81

カ行

か性ぜい化	47
ガスメータ	88
ガス再循環方式	25
ガス分析計	78
加熱面積	4
火炉	22
過熱器	24
過熱器スプレー制御系	68
過熱低減器	24, 25
海水漏入量	92
管形空気予熱器	30
缶水ブロー	50
缶水循環ポンプ	9
貫流ボイラ	9, 18, 19, 67
貫流ユニット	71
キャリオーバ	48
ギルド管形節炭器	29
揮発性物質処理	52
気ばく法	48
汽水混合	8
汽水分離装置	12
給水ポンプ	38, 41
給水ポンプ用電力	38
給水制御	65

索引

強制循環式ボイラ	9, 13, 14
凝集	48
グレン・ガロン	46
空気圧式ABC	62
空気予熱器	32
空気流量制御系	66, 70
ケーシング	39
系統外処理	44
系統内処理	44, 50
計測点	76
検塩計	91
検出部	58
コープス式自動給水加減器	43
固定子冷却水ランバック	69
後置ろ過器	55
硬度成分	48
高圧ボイラ	8, 19
高温蒸気	47

サ行

差圧式流量計	89
再生式予熱器	31
再熱器	27
再熱式ボイラ	5
再熱蒸気温度制御	66
ジルコニアO_2計	79
始動用給水ポンプ	41
磁気風式O_2計	79
自然循環ボイラ	8, 10
自動制御系	57
軸受保護装置	42
主蒸気温度	65
純水装置	49
所内単独運転	75
蒸気タービン駆動	40
蒸気圧力式感熱部	82
蒸気温度制御	65

蒸気温度調整装置	25
蒸気発生量	4
蒸発係数	4
スイング形すす吹器	37
スケール	20
すす吹器	36
すす吹装置	35
ストーカ燃焼火炉	22
スプレイ方式	27
スラグタップ式	22
ズルツァボイラ	20
水位警報器	35
水管	2
水管式ボイラ	7
水銀柱式圧力計	90
水処理	44
水素イオン濃度	45
水面計	34
制御動作	59
石灰法	49
積分動作	60
設定部	57
節炭器	29
旋回形すす吹器	37
前置ろ過器	55
全塩類除去	49
ソーダ法	49
操作部	58
相当蒸発量	4
測温抵抗体	81

タ行

タービン追従方式	71
タンジェントチューブ	23
対流・放射形過熱器	24
対流形過熱器	24
脱塩塔	55

索引

短抜差形すす吹器	35
調節部	58
長抜差形	36
沈殿	48
電気式ABC	61
電気抵抗式温度計	82
電気伝導度計	91
電子管式計器	84
電子式ABC	62
電磁式逃し弁	34
電磁式流量計	88
電池作用	47
電動機駆動	40
電動式給水ポンプ	39
ドイツ硬度	46
ドラム形ボイラ	63
ドラム水位	65

ナ行

熱電対	81, 84
熱電対温度計	83
燃焼室	16
燃焼制御	64
燃料ランバック	69
燃料流量制御系	66, 70

ハ行

バーナチルチング方式	25
ばね式安全弁	33
排ガス損失	6
排ガス分析計	78
裸水管炉壁	23
ピトー管	89
比例速度動作	60
比例動作	59
非再熱式ボイラ	4
光高温計	85

微分動作	60
微粉炭燃焼火炉	22
表面冷却方式	26
フィードバック要素	58
フォーミング	48
フローメータ	89
ブルドン管形圧力計	91
ブロー	52
プライミング	48
プレート形空気予熱器	30
吹下り圧力	34
吹出し圧力	33
不完全燃焼損失	5
不純物	44
不純物量	46
腐食	46
腐食作用	45
腐食防止	32
封入温度計	81
復水	44, 54
復水脱塩装置	54
複床式純水装置	50
ベーレ3要素式給水加減器	43
ベーレ水冷壁	22
ベンソンボイラ	19
変圧運転	20
ホッパボトム形	22
ボイラ	2, 76
ボイラ・タービン協調制御方式	68, 71
ボイラサブループ制御	66, 70
ボイラ容量	4
ボイラ効率	4
ボイラ構成水管	8
ボイラ水循環ポンプ	13
ボイラ損失	5
ボイラ追従方式	71
ボイラ胴	11

ボイラ入力	63
ボイラ用安全弁	33
ボラタイル・トリートメント	52
保護管	84
補給水	44
放射温度計	84
放射形ボイラ	7
放射形過熱器	24

マ行

マスター信号	65
ミリグラム・リットル	46
水の硬度	46
水の電離	45
塔外再生	55
未燃分損失	5
面積式流量計	89
モノチューブ方式	20
目標値	58

ヤ行

ユングストローム空気予熱器	31
薬液注入装置	52
予熱空気	32
容積式流量計	88
溶解ガス	46
溶解ガス除去	49
溶解塩類	46
溶存ガス	47

ラ行

ラモントボイラ	15
ランバック動作	69
流量計	87
レジントラップ	55
レフラボイラ	15
ローカル機器	70

ろ過	48
炉内圧力制御系	67, 70

d-book
ボイラ設備およびボイラ給水

2000年11月24日　第1版第1刷発行

著　者　千葉　幸
発行者　田中久米四郎
発行所　株式会社電気書院
　　　　東京都渋谷区富ケ谷二丁目2-17
　　　　（〒151-0063）
　　　　電話03-3481-5101（代表）
　　　　FAX03-3481-5414
制　作　久美株式会社
　　　　京都市中京区新町通り錦小路上ル
　　　　（〒604-8214）
　　　　電話075-251-7121（代表）
　　　　FAX075-251-7133

印刷所　創栄印刷株式会社
ⒸM2000MiyukiChiba　　　　　　　　　Printed in Japan
ISBN4-485-42947-4　　　［乱丁・落丁本はお取り替えいたします］

〈日本複写権センター非委託出版物〉

本書の無断複写は，著作権法上での例外を除き，禁じられています．
本書は，日本複写権センターへ複写権の委託をしておりません．
本書を複写される場合は，すでに日本複写権センターと包括契約をされている方も，電気書院京都支社（075-221-7881）複写係へご連絡いただき，当社の許諾を得て下さい．